図解即戦力

豊富な図解と丁寧な解説で、
知識0でもわかりやすい！

ISO 27001の規格と審査がしっかりわかる教科書

これ1冊で

株式会社テクノソフト コンサルタント
岡田敏靖
Toshiyasu Okada

技術評論社

はじめに

2002年に情報セキュリティマネジメントシステム適合性評価制度が本格運用を開始してから、5,800を超える組織がISO/IEC 27001を認証取得しており、ISO/IEC 27001は認知度の高いマネジメントシステムとなってきました。

本書は、これからISO/IEC 27001を認証取得される企業や担当者の方を対象に、1章から19章にわたって認証制度や要求事項、ISMSの構築・審査について、具体的な例を含めながら解説しています。

1～2章は、ISO/IEC 27001の認証制度についての解説
3章は、ISO/IEC 27001の用語についての解説
4～8章は、ISO/IEC 27001本文（箇条4～10）の要求事項の解説
9～17章は、ISO/IEC 27001附属書A（管理目的及び管理策）の解説
18～19章は、ISMSの構築・運用・審査についての解説

これから認証取得を目指す組織の担当者で、情報システムに馴染みのない方にとっては取っ付きにくいものかもしれませんが、情報セキュリティとは、資産の利用、保管、編集、コピー、廃棄・削除について、機密性、完全性、可用性の価値に見合った取り扱いをすることです。

本書が、ISO/IEC 27001の理解と、認証取得・維持のお役に立てば幸いに思います。

2019年7月吉日
株式会社テクノソフト
岡田　敏靖

目次 Contents

4章
4 組織の状況

5章
5 リーダーシップ

6章
6 計画

7章
7 支援

8章

8 運用　9 パフォーマンス評価
10 改善

9章

A.5 情報セキュリティのための方針群
A.6 情報セキュリティのための組織

10章

A.7 人的資源のセキュリティ

11章
A.8 資産の管理

12章
A.9 アクセス制御　A.10 暗号

13章
A.11 物理的及び環境的セキュリティ

14章
A.12 運用のセキュリティ

15章
A.13 通信のセキュリティ

16章
A.14 システムの取得、開発及び保守　A.15 供給者関係

17章
A.16 情報セキュリティインシデント管理　A.17 事業継続マネジメントにおける情報セキュリティの側面　A.18 順守

18章 情報セキュリティマネジメントシステムの構築

19章 情報セキュリティマネジメントシステムの運用・認証取得

ご注意：ご購入・ご利用の前に必ずお読みください

1章

情報セキュリティマネジメントシステム　ISO/IEC 27001とは

ISO/IEC 27001は、情報セキュリティマネジメントシステム（ISMS）に関する国際規格で、組織内の情報資産を適切に管理するための要求事項が定められています。まず初めに、ISO規格の発行の流れや、ISO/IEC 27001の認証制度に関する理解を深めておきましょう。

01 ISO規格とは

ISOとは、スイスのジュネーブに本部を置く国際標準化機構（International Organization for Standardization）の略称です。ISOの主な活動は国際的に通用する規格を制定することであり、ISOが制定した規格をISO規格といいます。

ISOとは

ISO（国際標準化機構）は、国際的な取引をスムーズにするため、**製品やサービスに関して「世界中で同じ品質、同じレベルのものを提供できるようにする」という国際的な基準を発行する機関**として、1974年2月23日に発足しました。

ISOでは、各国1機関のみの参加が認められており、日本からは日本産業規格（JIS）の調査・審議を行っている日本産業標準調査会（JISC）が加入しています。

ISO規格の身近な例としては、非常口のマークやカードのサイズ、ネジといった規格が挙げられます。これらは製品そのものを対象とする「モノに対する規格」です。

一方、製品そのものではなく、組織を取り巻くさまざまなリスク（品質、環境、情報セキュリティなど）を管理するためのしくみについてもISO規格が制定されています。これらは**「マネジメントシステム規格」**と呼ばれ、品質マネジメントシステム（ISO 9001）や環境マネジメントシステム（ISO 14001）、情報セキュリティマネジメントシステム（ISO/IEC 27001）などの規格が該当します。

■ ISOの例

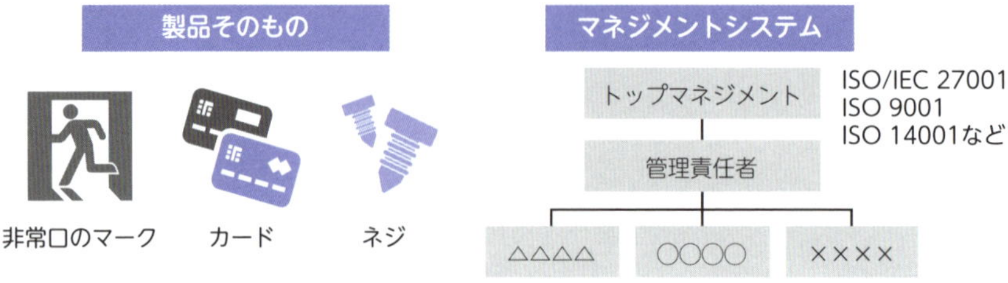

ISO規格の制定や改訂は、ISO技術管理評議会（TMB）の各専門委員会（TC）で行われます。

各TCではさまざまな業務分野を扱うため、分科委員会（SC）、作業グループ（WG）を設置して、規格の開発活動を行っており、制定や改訂は、日本を含む世界164ヶ国（2019年7月現在）の参加国の投票によって決定します。

ISOでは、国際規格（IS）以外にも、技術仕様書（TS）、技術報告書（TR）、一般公開仕様書（PAS）なども発行しています。

■ ISOの主要な刊行物

分類	概要
国際規格 **(IS：International Standard)**	ISO参加国の投票に基づいて発行される国際規格
技術仕様書 **(TS：Technical Specification)**	WGで合意が得られたことを示す規範的な文書。TC/SCは、IS作成に向けて技術的に開発途上にあったり、必要な支持が得られなかったりして当面の合意が不可能な場合に、特定業務項目をISO/TSとして発行できる
技術報告書 **(TR：Technical Report)**	通常の規範的な文書として発行されるものとは異なる情報を含んだ情報提供型の文書。ISOの委員会が作業のために集めた情報をTRの形で発行することをISO中央事務局に要請して、ISO/TRの発行が決定される
一般公開仕様書 **(PAS：Publicly Available Specification)**	ISOの委員会で技術的に合意されたことを示す規範的な文書。TC/SCは、技術開発途上であり当面の合意が得られない場合、また、TSほどの合意が得られない場合に、特定業務項目をISO/PASとして発行できる

ISO規格発行・改訂の流れ

ISO規格の発行は6つの段階を経て作成され、36ヶ月以内に最終案がまとめられて、国際規格（IS）が発行・改訂されます。

(1) 提案段階：新作業項目（NP）の提案

各国加盟機関（日本であればJISC）や専門委員会（TC）/分科委員会（SC）などが新たな規格の作成、現行規格の改訂を提案し、各国が提案に賛成か反対かを投票して、作成・改訂するかどうかが決定されます。

(2) 作成段階：作業原案（WD）の作成

提案承認後、TC/SCの作業グループ（WG）とTC/SCのPメンバー（Participating member：積極的参加メンバー）などが協議して作業原案（WD）作成について専門家を任命し、WGでWDが検討・作成され、TC/SCにWDが提出されます。また、WDは一般公開仕様書（PAS）として発行される場合があります。

(3) 委員会段階：委員会原案（CD）の作成

作業原案（WD）は委員会原案（CD）として登録され、TC/SCのPメンバーに回付して意見を募集し、投票で3分の2以上の賛成が得られればCDが成立し、国際規格原案（DIS）として登録されます。

また、この段階で技術的な問題が解決できない場合、CDを技術仕様書（TS）として発行する場合があります。

(4) 照会段階：国際規格原案（DIS）の照会及び策定

DISはすべてのメンバー国に回付（投票前の翻訳期間は2ヶ月、投票期間は3ヶ月）し、投票したTC/SCのPメンバーの3分の2以上が賛成、かつ反対が投票総数の4分の1以下である場合に、最終国際規格案（FDIS）として登録されます。

(5) 承認段階：最終国際規格案（FDIS）の策定

FDISはすべてのメンバー国に回付（投票期間は2ヶ月）し、投票したTC/SC

のPメンバーの3分の2以上が賛成、かつ反対が投票総数の4分の1以下である場合に、国際規格（IS）として成立します。

(6) 発行段階：国際規格（IS）の発行

FDISの承認後、正式に国際規格として発行されます（発行期限はNP提案承認から36ヶ月以内）。その後は、新規に発行された規格は3年以内、既存の規格は5年ごとに見直され、改訂されていきます。

■ ISO規格の発行・改訂の流れ

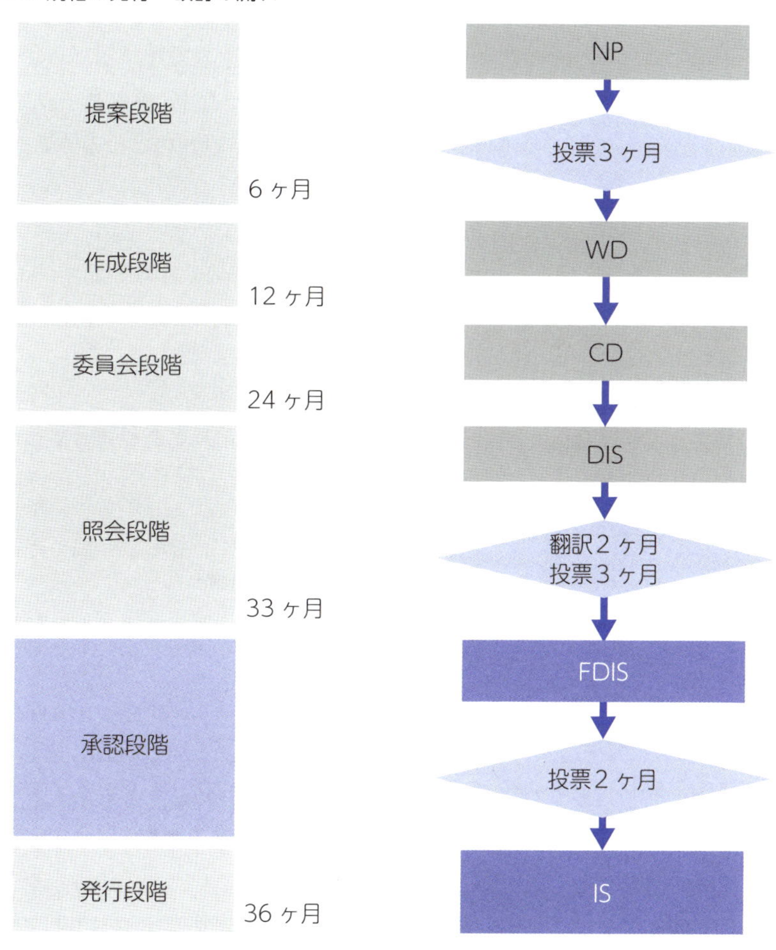

※5年で承認段階に達しない場合は提案前の予備段階に差し戻し

ISOマネジメントシステム規格の特徴

ISOマネジメントシステム規格（ISO MSS）は、品質マネジメントシステム（ISO 9001）や環境マネジメントシステム（ISO 14001）、情報セキュリティマネジメントシステム（ISO/IEC 27001）など、**ビジネス環境や利害関係者からの要求の変化に応じて規格が発行されており、組織を取り巻くリスクごとに規格が開発**されています。従って、ISO MSSの全体の大きな目的は、組織の永続や適正な利益を守るためにあるともいえます。

現状ではさまざまなISO MSSがありますが、それぞれに共通する活動としては、トップマネジメントが方針や目標を明確にし、それを実現するために「やり方を決める（Plan）」、「決めたとおり実行する（Do）」、「結果をチェックする（Check）」、「見直し改善する（Act）」といったPDCAサイクルのしくみの構築と継続的な運用・改善が求められます。

■ ISOマネジメントシステムのPDCAサイクル

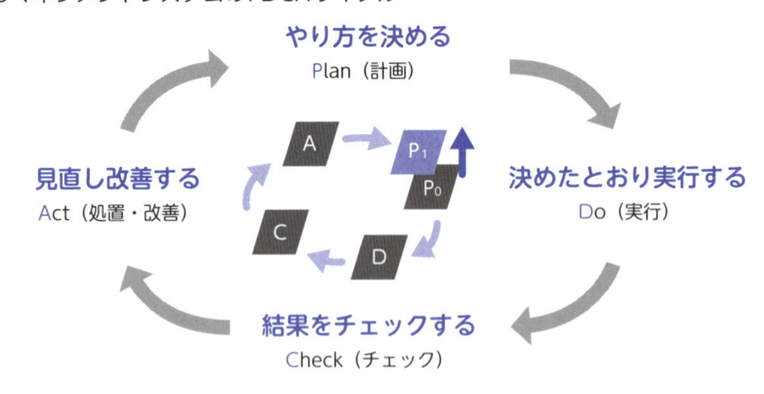

近年、さまざまなISO MSSが発行されたため、ISOでは2006年から2011年にかけて、各ISO MSSの整合性を確保するために議論が行われました。そして、2012年5月に発行されたISO/IEC専門業務用指針で、**「MSS共通テキスト」**と呼ばれるMSS共通要素（箇条立てや統一された文章表現）を原則として採用し、規格を作成・改訂することが決定されました。これにより、ISO 9001やISO 14001、ISO/IEC 27001などのISO MSSが「MSS共通テキスト」を採用して改訂されました。

■MSS共通テキストの共通基本構造（上位構造：High Level Structure [HLS]）

項番	タイトル	項番	タイトル
1. 適用範囲		7. 支援	
2. 引用規格		7.1	資源
3. 用語及び定義		7.2	力量
4. 組織の状況		7.3	認識
4.1	組織及びその状況の理解	7.4	コミュニケーション
4.2	利害関係者のニーズ及び期待の理解	7.5	文書化された情報
4.3	XXXマネジメントシステムの適用範囲の決定	8. 運用	
4.4	XXXマネジメントシステム	8.1	運用の計画及び管理
5. リーダーシップ		9. パフォーマンス評価	
5.1	リーダーシップ及びコミットメント	9.1	監視、測定、分析及び評価
5.2	方針	9.2	内部監査
5.3	組織の役割、責任及び権限	9.3	マネジメントレビュー
6. 計画		10. 改善	
6.1	リスク及び機会への取り組み	10.1	不適合及び是正処置
6.2	XXX目的及びそれを達成するための計画策定	10.2	継続的改善

■共通基本構造（上位構造：High Level Structure [HLS]）の概要図

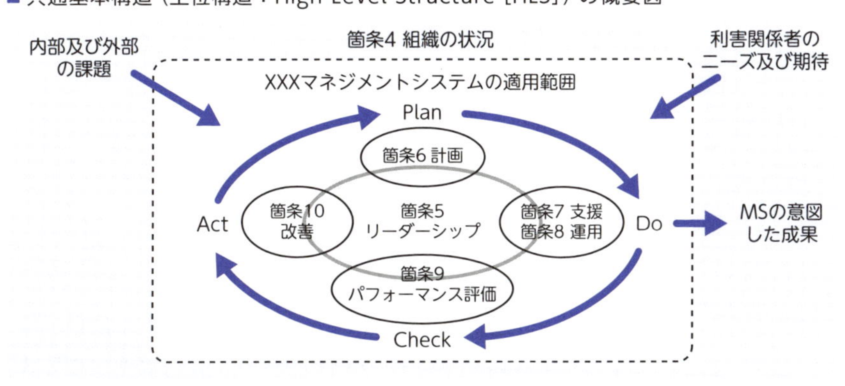

02 ISO/IEC 27001の認証制度

ISO/IEC 27001を認証取得するには、認定機関（情報マネジメントシステム認定センターや日本適合性認定協会など）から認定された認証機関（審査登録機関）の審査を受けて認証される必要があります。

情報セキュリティマネジメントシステム適合性評価制度の目的

ISOマネジメントシステムの認証制度は、WTO/TBT協定（貿易の技術的障害に関する協定）により、**協定を批准している国の適合性評価制度は、関連する国際規格・ガイド（ISO/CASCO規格・ガイド）に基づく制度を構築することが必要**となります。また、国際的には国際規格・ガイドラインに基づく適合性評価機関の相互承認の動きが進んでおり、国際機関で相互承認締結のための具体的なルールや制度の構築も進んでいます。

国際的な適合性評価機関（認定機関）が満たすべき要件とその手順を規定した国際規格や相互認証などのルールは、ISO加盟機関の代表者で構成される**適合性評価委員会（ISO/CASCO）**で決定されます。

■ ISOにおける適合性評価委員会（ISO/CASCO）

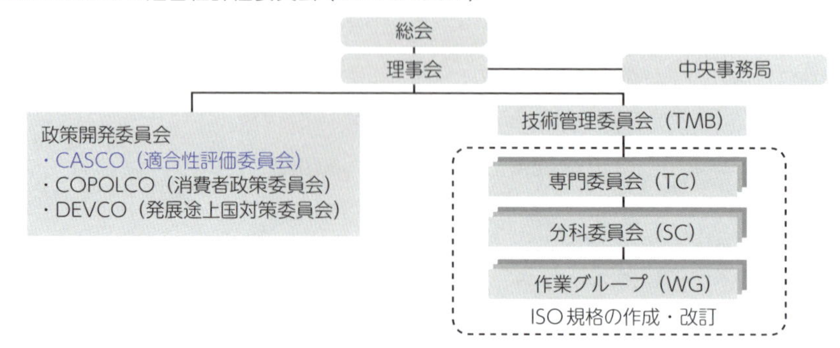

ISOマネジメントシステムの適合性評価制度を構築するためには、認定機関、認証機関（審査登録機関）、審査員登録機関、審査員研修機関が必要となります。

ISOマネジメントシステムの認定機関は、原則1ヶ国に1つです。日本では公益財団法人日本適合性認定協会（JAB）がISO 9001（品質）やISO 14001（環境）の認定機関として有名ですが、ISO/IEC 27001などの情報マネジメントシステム関係のISOについては、JABと一般社団法人情報マネジメントシステム認定センター（ISMS-AC）が認定機関となります。

日本に拠点を置く組織がISO/IEC 27001を認証取得する場合、ISMS-ACが認定機関として運営する、情報セキュリティマネジメントシステム（ISMS）適合性評価制度で認証取得するのが一般的です。

ISMS適合性評価制度は、国際的に整合性の取れた情報セキュリティマネジメントに対する第三者適合性評価制度で、一般財団法人日本情報経済社会推進協会（JIPDEC）が、日本の情報セキュリティ全体の向上に貢献するとともに、諸外国からも信頼を得られる情報セキュリティレベルを達成することを目的として、2002年4月から本格運用を開始した制度です。現在はJIPDECから独立し、認定業務だけを行うISMS-ACが制度を運営しています。

なお、日本にある認証機関（審査登録機関）であっても、ISMS-AC以外に英国認証機関認定審議会（UKAS）や米国適合性認定機関（ANAB）など、複数の認定機関から認定を受けた機関もあり、そこで審査を受けて、ISO/IEC 27001を認証取得することもできます。

■ ISO/IEC 27001の認証取得制度

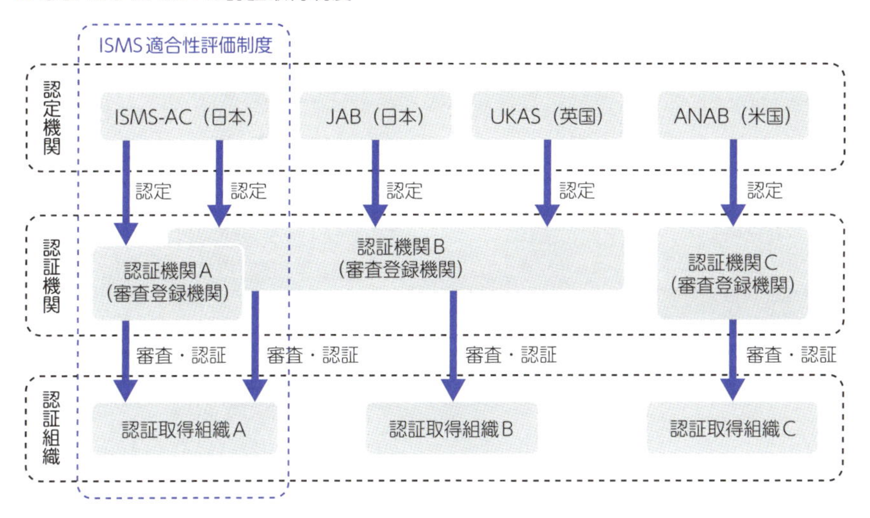

ISMS適合性評価制度の各機関の役割

ISMS適合性評価制度は、認定機関であるISMS-ACが、認証希望組織のISMSがISO/IEC 27001に適合しているかどうかを審査し、登録する認証機関（審査登録機関）と審査員の資格を付与する要員認証機関（審査員登録機関）を認定して運営する、総合的なしくみです。なお、審査員になるために必要な研修を実施する審査員研修機関は、要員認証機関が承認します。

(1) 認証機関（審査登録機関）

ISMS-ACから認定を受けたISO/IEC 27001の認証機関は、P.21の表のとおり、2019年5月21日時点で27機関あります。認証希望組織は、任意に認証機関を選ぶことができます。

(2) 要員認証機関（審査員登録機関）

ISMS-ACから認定を受けたISO/IEC 27001の要員認証機関は、一般財団法人日本要員認証協会マネジメントシステム審査員評価登録センター（JRCA）となります。JRCAの役割は、審査員研修機関の認定と審査員研修を合格した要員を審査員として登録することです。

(3) 審査員研修機関

審査員研修機関は、要員認証機関から認定を受けて、審査員研修を提供します。審査員研修合格者で、審査員登録機関に審査員登録している人が認証機関に採用され、審査員をしています。

■ ISMS適合性評価制度のしくみ

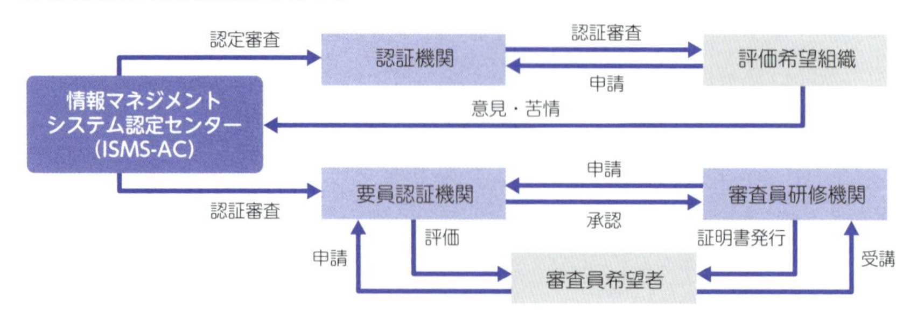

■ ISMS-AC認定の認証（審査登録）機関一覧※

認定番号	機関名称（略称）
ISR001	一般財団法人日本品質保証機構マネジメントシステム部門（JQA）
ISR002	日本検査キューエイ株式会社（JICQA）
ISR004	BSIグループジャパン株式会社（BSI-J）
ISR005	一般財団法人日本科学技術連盟ISO審査登録センター（JUSE-ISO Center）
ISR006	日本規格協会ソリューションズ株式会社審査登録事業部（JSA-SOL MSED）
ISR007	株式会社日本環境認証機構（JACO）
ISR008	DNV GLビジネス・アシュアランス・ジャパン株式会社（DNV）
ISR010	国際マネジメントシステム認証機構株式会社（ICMS）
ISR011	一般社団法人日本能率協会審査登録センター（JMAQA）
ISR012	ペリージョンソンホールディング株式会社ペリージョンソンレジストラー（PJRJ）
ISR013	一般財団法人電気通信端末機器審査協会ISMS審査登録センター（JATE）
ISR015	テュフラインランドジャパン株式会社（TUV RJ）
ISR016	株式会社マネジメントシステム評価センター（MSA）
ISR017	株式会社ジェイーヴァック（J-VAC）
ISR018	ビューローベリタスジャパン株式会社システム認証事業本部（BV サーティフィケーション）
ISR019	公益財団法人防衛基盤整備協会システム審査センター（BSK）
ISR020	ロイドレジスタークオリティアシュアランスリミテッド（LRQA Japan）
ISR021	SGSジャパン株式会社認証・ビジネスソリューションサービス（SGS）
ISR022	一般財団法人ベターリビング システム審査登録センター（BL-QE）
ISR023	日本海事検定キューエイ株式会社（NKKKQA）
ISR024	国際システム審査株式会社（ISA）
ISR025	エイエスアール株式会社（ASR）
ISR026	日本化学キューエイ株式会社（JCQA）
ISR027	ドイツ品質システム認証株式会社（DQS Japan）
ISR028	一般財団法人電気安全環境研究所ISO登録センター（JET）
ISR029	アイエムジェー審査登録センター株式会社（IMJ）
ISR030	アームスタンダード株式会社（ARMS）

※2019年7月時点

ISO/IEC 27001認証取得状況

ISO（国際標準化機構）が2018年9月に公表した「ISOサーベイ2017」によると、2017年のISO/IEC 27001の認証取得件数は39,501件で、前年比で19%増加しています。

国別では、日本が9,161件と1位で全体の23%を占めており、次いで中国（5,069件）、英国（4,503件）、インド（3,272件）となっています。

■ ISO/IEC 27001認証取得組織数推移

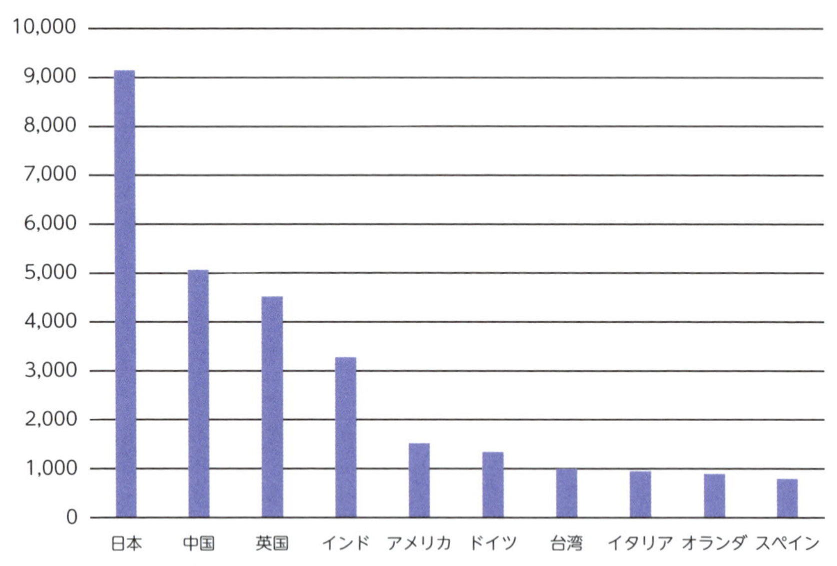

出典：The ISO Survey (https://www.iso.org/the-iso-survey.html)

日本のISO/IEC 27001認証取得件数は、**ISMS-AC（一般社団法人情報マネジメントシステム認定センター）**と**JAB（公益財団法人日本適合性認定協会）**のWebサイトで公開されています。

ISMS-AC認定の認証取得数は、2018年3月1日時点で5,488件となります（ISMS-AC認定以外の件数も含むため、上記のISOの件数と異なる）。

認証機関（審査登録機関）別に件数を見ると、BSIグループジャパン（BSI-J）が31%で1位、次いで日本品質保証機構（JQA）が19%で2位となり、2つの認証機関を合わせると全体の50%を占めていることがわかります。

■ ISMS-AC認証取得組織数推移

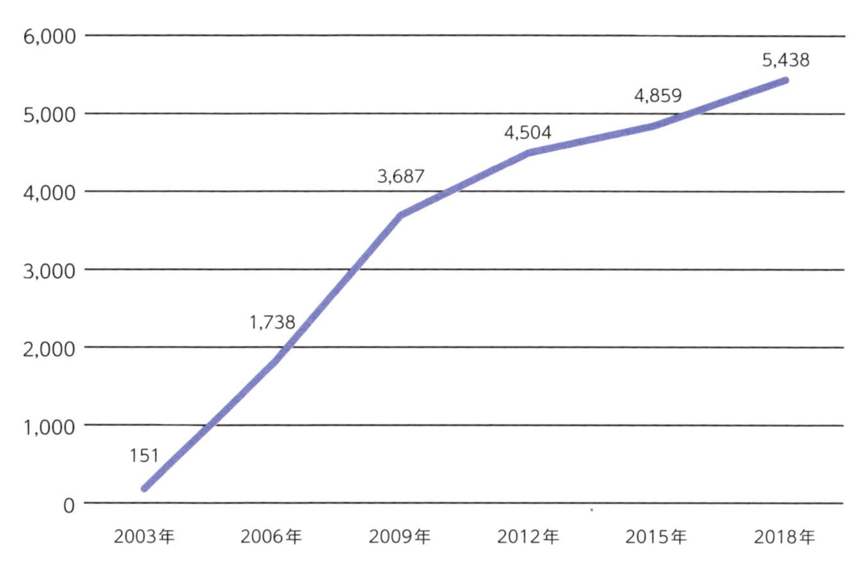

出典：ISMS認証取得組織数推移（https://isms.jp/lst/ind/suii.html）

■ 認証機関別ISMS-AC認証取得組織数（上位10）

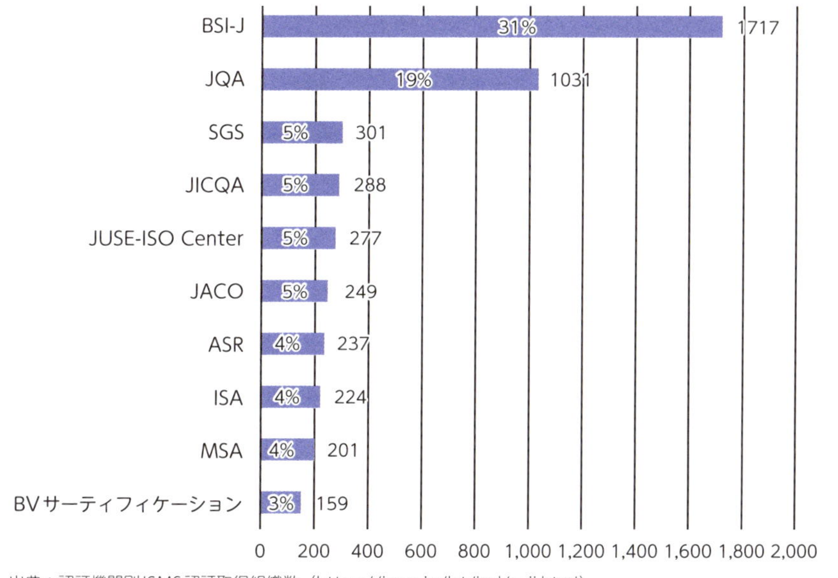

出典：認証機関別ISMS認証取得組織数（https://isms.jp/lst/ind/suii.html）

03 ISO/IEC 27000ファミリー規格

ISOとIECでは、ISO/IEC 27001以外にもさまざまな規格を発行し、改訂を行っています。それらは総称して「ISO/IEC 27000ファミリー規格」と呼ばれ、各規格によって発行状態が異なります。

ISO/IEC 27001の発行・改訂

ISO/IEC 27001の歴史は、1995年に発行されたISMS（情報セキュリティマネジメントシステム）の英国規格であるBS7799から始まります。BS7799は、ISMSを国際規格とするために1999年に改訂され、BS7799-1（情報セキュリティマネジメントの実践のための規範）とBS7799-2（情報セキュリティマネジメントシステムー要求事項）の2部構成になり、BS7799-2の認証制度が始まりました。

日本では、**JIPDEC（一般財団法人日本情報経済社会推進協会）**が、BS7799-2をもとにISMS認証基準を作成し、2002年4月からISMS適合性評価制度を開始しました。その後、BS7799-2は国際規格となることが決定され、ISO/IEC 27001（情報セキュリティマネジメントシステムー要求事項）の初版が2005年に発行されたことで国際的な認証基準となり、その後2013年に改訂されました。

■ ISO/IEC 27001の発行と改訂

	1995	1996	1997	1998	1999	2000	2001	2002	2003	2004	2005	2006	2007	2008	2009	2010	2011	2012	2013	2014	2015	2016	2017	2018
国際規格						ISO/IEC 17799:2000					ISO/IEC 27001:2005								ISO/IEC 27001:2013					
英国規格（BS）	BS7799:1995				BS7799-1/2 :1999			BS7799-2 :2002			ISO/IEC 17799:2005 (ISO/IEC 27002:2005)								ISO/IEC 27002:2013					
日本産業規格（JIS）							ISMS認証基準 Ver. 0.8	ISMS認証基準 Ver. 1.0	ISMS認証基準 Ver. 2.0			JIS Q 27001:2006								JIS Q 27001:2014				
JIPDEC認証基準								JIS X 5080:2002				JIS Q 27002:2006								JIS Q 27002:2014				

ISO/IEC 27000ファミリー規格と呼ばれるISO/IEC 27001などのISMS関連規格は、情報システムやネットワークなどが含まれるため、電気通信を除く全分野の国際規格を定める**国際標準化機構（ISO）**と、電気技術分野の国際規格を定める**国際電気標準会議（IEC）**と共同発行しています。

ISOとIECが共同で国際規格を発行・改訂する場合は、合同専門委員会（JTC）の分科委員会（SC）と作業グループ（WG）において標準化作業を進めていきます。具体的には、ISO/IEC JTC1（情報技術）のSC27（セキュリティ技術）のWGが作業を担当しています。

ISO/IEC規格の発行・改訂は、ISOと同じ6段階の流れに分かれています。

① 新作業項目（NP）の提案
② 作業原案（WD）の作成
③ 委員会原案（CD）の作成
④ 国際規格原案（DIS）の照会及び策定
⑤ 最終国際規格案（FDIS）の策定
⑥ 国際規格（IS）の発行

■ ISO/IEC規格の発行と改訂の体制

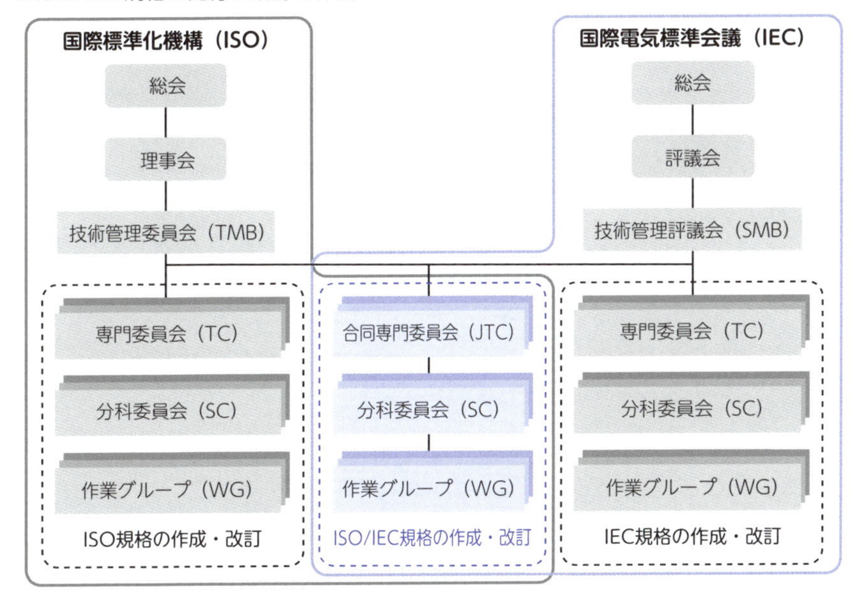

ISO/IEC 27000ファミリー規格の発行・改訂

ISO（国際標準化機構）とIEC（国際電気標準会議）の設置する合同専門委員会ISO/IEC JTC1（情報技術）の分科委員会SC27（セキュリティ技術）では、ISO/IEC 27001以外にも関連する規格の標準化が進められています。

作成されたさまざまな規格は、**「ISO/IEC 27000ファミリー規格」**と呼ばれ、①用語、②要求事項、③ガイドライン、④セクター固有のガイドライン、⑤サイバーセキュリティのガイドライン他に分類することができます（P.28参照）。

主要な規格とその概要は以下のとおりです。

(1) ISO/IEC 27000:2018

ISMSファミリー規格の概要、ISO/IEC 27000ファミリー規格において使用される用語などについて規定した規格です。対応する国内規格として、JIS Q 27000:2019が制定されています。なお、JIS Q 27000:2019は、ISO/IEC 27000:2018に対応しています。ISO/IEC 27000は、比較的短期間で改訂が行われています。

(2) ISO/IEC 27001:2013

組織の事業リスク全般を考慮し、文書化したISMSを確立、実施、維持および継続的に改善するための要求事項を規定した規格です。対応する国内規格として、JIS Q 27001:2014が制定されています。

(3) ISO/IEC 27002:2013

組織の情報セキュリティリスクの環境を考慮に入れた管理策の選定、実施および管理を含む、組織の情報セキュリティ標準および情報セキュリティマネジメントを実施するためのベストプラクティスをまとめた規格です。対応する国内規格として、JIS Q 27002:2014が制定されています。

(4) ISO/IEC 27003:2017

ISO/IEC 27001:2013に規定するISMSの要求事項に対するガイダンス規格です。

(5) ISO/IEC 27004:2016

ISO/IEC 27001:2013に規定するISMSのセキュリティパフォーマンスと有効性の評価を支援することを目的としたガイダンス規格です。

(6) ISO/IEC 27005:2018

情報セキュリティのリスクマネジメントに関するガイドライン規格です。

(7) ISO/IEC 27007:2020

ISMS監査の実施に関するガイドライン規格です。ISO 19011:2018（マネジメントシステム監査のための指針）に加えて、ISMS固有のガイダンスを提供しています。

(8) ISO/IEC 27010:2015

セクター間および組織間コミュニケーションのための情報セキュリティマネジメントに関する規格です。情報供給コミュニケーションの中で情報セキュリティマネジメントを実施するためのガイダンスや、セクター間および組織間コミュニケーションにおける情報セキュリティに関する管理策および手引きを提供しています。

(9) ISO/IEC 27013:2021

ISO/IEC 27001とISO/IEC 20000-1（ITサービスマネジメントシステム）との統合実践に関するガイダンス規格です。

(10) ISO/IEC 27014:2020

情報セキュリティのガバナンスに関する規格で、情報セキュリティガバナンスの原則およびプロセスの手引きを提供しています。対応する国内規格として、JIS Q 27014:2015が制定されています。

(11) ISO/IEC 27017:2015

クラウドサービスにおけるISO/IEC 27002に基づく情報セキュリティ管理策の実践のための規範を提供する規格です。

■ISO/IEC 27000ファミリー規格の検討状況

分類	ISO/IEC番号	規格内容	状態
①用語	ISO/IEC 27000:2018	概要および定義	発行済
②要求事項	ISO/IEC 27001:2013	要求事項	発行済
	ISO/IEC 27006:2015	認証機関に対する要求事項	発行済
	ISO/IEC 27009:2016	セクター規格への27001適用に関する要求事項	改訂中
③ガイドライン	ISO/IEC 27002:2013	情報セキュリティ管理策の実践のための規範	改訂検討中
	ISO/IEC 27003:2017	ISMSの手引き	発行済
	ISO/IEC 27004:2016	監視、測定、分析および評価の手引き	発行済
	ISO/IEC 27005:2011	リスクマネジメントに関する指針	改訂中
	ISO/IEC 27006:2015	認証機関に対する要求事項	改訂中
	ISO/IEC 27007:2020	監査の指針	発行済
	ISO/IEC TS 27008:2019	情報セキュリティの管理策のレビューに関する技術仕様	発行済
	ISO/IEC 27013:2021	ISO/IEC 27001とISO/IEC 20000-1との統合導入についての手引き	発行済
	ISO/IEC 27014:2020	情報セキュリティのガバナンス	発行済
	ISO/IEC TR 27016:2014	情報セキュリティマネジメントー組織の経済的側面	発行済
	ISO/IEC 27021:2017	ISMS専門家の力量に関する要求事項	発行済
④セクター固有のガイドライン	ISO/IEC 27010:2015	セクター間および組織間コミュニケーションのための情報セキュリティマネジメント	発行済
	ISO/IEC 27011:2016	電気通信業界内の組織のための指針	改訂中
	ISO/IEC 27017:2015	クラウドサービスにおけるISO/IEC 27002に基づく情報セキュリティ管理策の実践のための規範	発行済
	ISO/IEC 27019:2017	エネルギー業界のための情報セキュリティ管理策	発行済
⑤サイバーセキュリティのガイドライン他	ISO/IEC TS 27110:2021	サイバーセキュリティフレームワーク策定の指針	発行済
	ISO/IEC 27102:2019	サイバー保険のための指針	発行済
	ISO/IEC TR 27103:2018	サイバーセキュリティとISOおよびIEC規格	発行済

出典：ISO/IEC 27000ファミリーについて（https://www.jipdec.or.jp/sp/smpo/kokusai.html）

情報セキュリティマネジメントシステム（ISMS）適合性評価制度と認証審査

情報セキュリティマネジメントシステムは、組織における情報セキュリティを管理して運用し、継続的に改善していくしくみのことです。2章では、情報セキュリティマネジメントシステムの概要を始め、認証審査の流れや認証に関するガイドラインについて解説しています。それぞれのポイントをしっかりと押さえておきましょう。

04 情報セキュリティマネジメントシステム（ISMS）とは

情報セキュリティマネジメントシステム（ISMS）とは、リスクアセスメントに基づきISMSを確立・実施して、保有する情報の価値に見合った適切な管理策を実施・運用し、継続的に改善していくしくみのことです。

情報セキュリティとは

ISO/IEC 27001では、技術的対策だけでなく、組織体制の整備や教育・訓練などが含まれる情報セキュリティマネジメントシステム（ISMS）を確立し、実施・維持し、継続的に改善するための要求事項を提供することを目的として作成されています。

また、情報セキュリティは、**「情報の機密性、完全性、可用性を維持すること」**と定義されており、保有する情報の価値に見合った取り扱いをするためのしくみが要求されているともいえます。

①機密性：公開範囲や利用範囲の程度
②完全性：求められる正確性や完全性の程度（編集や復旧の容易さ）
③可用性：使用頻度や利用頻度の程度

ISO/IEC 27001:2013の構成

ISO/IEC 27001:2013の情報セキュリティマネジメントシステム（ISMS）では、組織が保有する資産について、リスクアセスメントで状況を把握して、機密性、完全性、可用性の要素をバランスよく維持・改善し、リスクを適切に管理し、顧客などの利害関係者に信頼を与えるしくみについて定めています。**どのような組織であっても必ず適用させる必要がある要求事項（4. 組織の状況～10. 改善）**と、**組織が導入するかを決定する要求事項（附属書Aの管理目的及び管理策）**で構成されています。

■ ISO/IEC 27001:2013の構成

項番		タイトル	項番		タイトル
0. 序文			7. 支援		
1. 適用範囲				7.1	資源
2. 引用規格				7.2	力量
3. 用語及び定義				7.3	認識
4. 組織の状況				7.4	コミュニケーション
	4.1	組織及びその状況の理解		7.5	文書化した情報
	4.2	利害関係者のニーズ及び期待の理解	8. 運用		
	4.3	情報セキュリティマネジメントシステムの適用範囲の決定		8.1	運用の計画及び管理
	4.4	情報セキュリティマネジメントシステム		8.2	情報セキュリティリスクアセスメント
5. リーダーシップ				8.3	情報セキュリティリスク対応
	5.1	リーダーシップ及びコミットメント	9. パフォーマンス評価		
	5.2	方針		9.1	監視、測定、分析及び評価
	5.3	組織の役割、責任及び権限		9.2	内部監査
6. 計画				9.3	マネジメントレビュー
	6.1	リスク及び機会に対処する活動	10. 改善		
	6.1.1	一般		10.1	不適合及び是正処置
	6.1.2	情報セキュリティリスクアセスメント		10.2	継続的改善
	6.1.3	情報セキュリティリスク対応	附属書A(規定)管理目的及び管理策		
	6.2	情報セキュリティ目的及びそれを達成するための計画策定	参考文献		

ISMSの概念

ISO/IEC 27001:2013は、MSS共通要素を採用して作成された規格のため、ISO 9001やISO 14001などの他のマネジメントシステムと共通したPDCAサイクルの箇条立てで構成されています。

■ ISMSの概念図

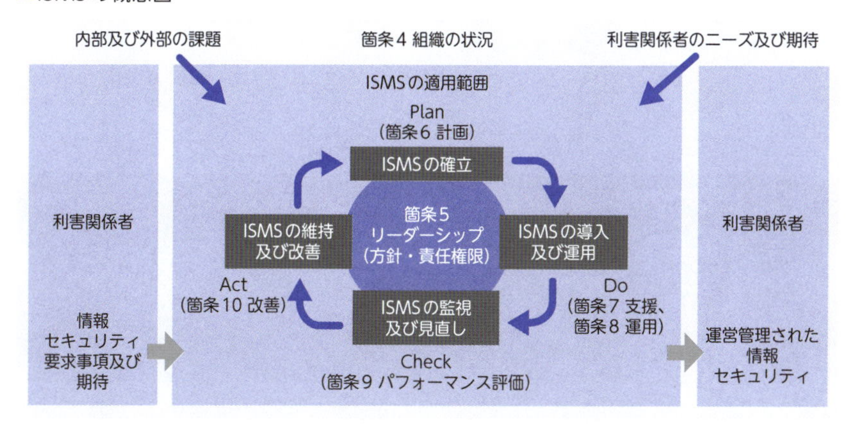

05 ISMS適合性評価制度の概要

情報セキュリティマネジメントシステム（ISMS）適合性評価制度とは、情報マネジメントシステム認定センター（ISMS-AC）が認定機関として運営するISO/IEC 27001の認証取得制度です。

ISMS適合性評価制度の成り立ち

ISMS（情報セキュリティマネジメントシステム）適合性評価制度は、情報処理サービス業における情報システムの施設・設備などに十分な安全対策を施しているかどうかを認定する制度としてあった「情報システム安全対策実施事業所認定制度（安対制度）」の廃止にともない、技術的なセキュリティの他に、**組織の要員による運用・管理面をバランスよく取り込み、時代のニーズに合わせた新しい制度**として創設され、2002年4月から本格運用を開始しました。

ISMS適合性評価制度の創設時には、JIPDEC（一般財団法人日本情報経済社会推進協会、旧名称：財団法人日本情報処理開発協会）が運営していましたが、2018年4月からISMS-AC（一般社団法人情報マネジメントシステム認定センター）が制度を運営しています。

■ 情報マネジメントシステム認定センター（ISMS-AC）

https://isms.jp/

ISMS-ACと認証機関、認証希望組織の関係

認証希望組織がISO/IEC 27001を認証取得するためには、ISMS-ACから認定された27機関の認証機関（審査登録機関）のいずれかに審査を申し込み、審査を受けて認証組織として登録されなければなりません。認証希望組織は、制度や認証機関についての意見や苦情をISMS-ACに申し立てることができます。

■ISMS-ACと認証機関、認証希望組織の関係図

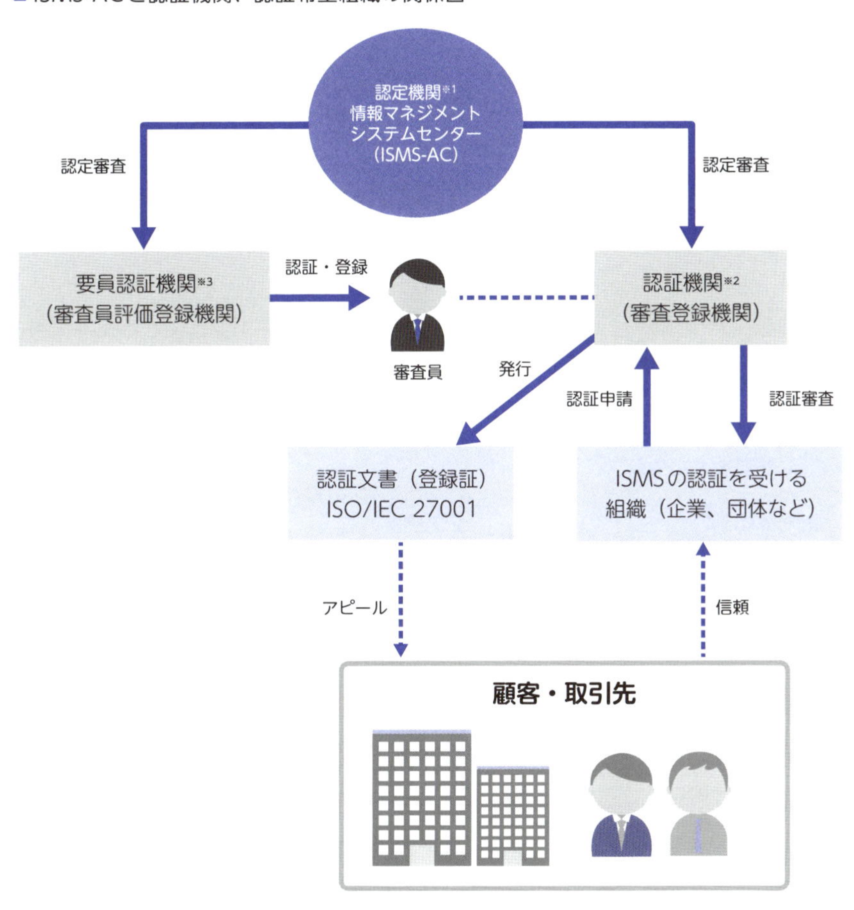

※1 認定機関：認証機関が適切に認証審査を実施できることを審査して確認する
※2 認証機関：第三者機関として組織のISMSを審査する
※3 要員認証機関：認証審査に関する能力を持つ審査員を認証して登録する

参考：ISMS適合性評価制度の運用（https://isms.jp/isms/about）

06 ISMSの認証審査

ISMSの初回認証審査は、第一段階審査と第二段階審査の2段階に分かれています。認証取得後は、年に1回以上のサーベイランス審査と3年ごとの再認証審査で認証を維持します。

ISMS認証審査の流れ

ISO/IEC 27001の認証取得を希望する組織は、認証機関を選択して、審査申請をします。認証機関で申請が受け付けられると、**初回認証審査の第一段階、第二段階を受けて認証登録**され、その後、ISMS-ACのWebサイトで公開されます。

初回認証審査のあとは、年に1回以上の**中間的な審査（サーベイランス審査）**が、そして3年ごとに認証の有効期限を更新するための**更新審査（再認証審査）**が実施されます。

■ ISMS認証審査の流れ

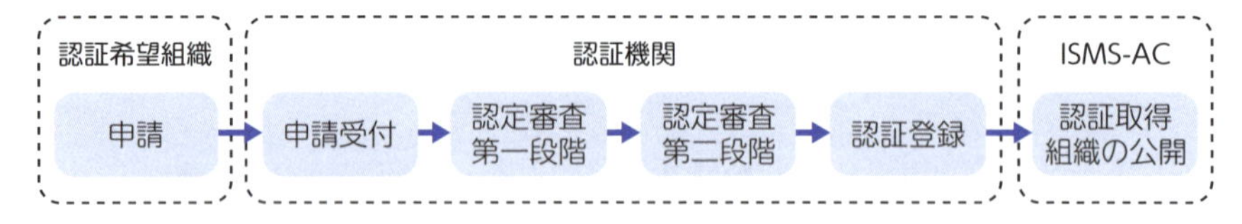

(1) 認証機関の選択

認証取得を希望する組織は、認定された27の認証機関の中から選んで申請します（P.21参照）。認証機関による業種制限はないため、どの業種の組織でも審査することができます。ただし、審査において業種特有の専門的知識が必要な場合は、認証機関として審査を受け付けない場合があるため、事前に確認しておく必要があります。また、利害が絡む場合などで審査を受け付けられない場合もあります。

認証登録に関わる費用は、ISMSの適用範囲となる所在地の数や人員規模により異なります。人員規模については、フルタイムとパートタイムなど、勤務形態で費用が変わる場合があるため、事前に認証機関から見積りを取ることもできます。

(2) 申請

認証機関を選択して、認証審査・登録に関する条件について事前に確認し、合意されたら、認証機関が指定する必要な書類を作成し、申請します。

(3) 初回認証審査

①第一段階

第一段階審査は**文書審査**とも呼ばれ、組織のISMSに関係する文書類が、ISO/IEC 27001の要求事項に適合しているか審査されます。また、第二段階審査を実施して問題ないかどうかの確認も行われます。

■ 第一段階審査のプログラム例

日程	時間		審査対象部門／審査内容
	開始	終了	
初日	9:00	9:10	事務打合せ
	9:10	9:40	初回会議（オープニングミーティング）
	9:40	10:10	企業内概略見学（サイトレビュー）
	10:10	10:30	**トップインタビュー**／組織の課題、利害者からの要求、方針など
	10:30	12:00	**管理責任者・事務局**／ISMS基本文書類の確認
	12:00	13:00	昼休憩（昼食）
	13:00	16:30	**事務局・情報システム部門**／適用宣言書、各規定の確認など
	16:30	16:45	休憩　【審査員会議（中間報告のまとめ）】
	16:45	17:00	中間報告
最終日	9:00	9:10	事務打合せ
	9:10	11:00	**情報システム部門**／適用宣言書、各規定の確認など
	11:00	11:30	休憩　【審査員会議（審査まとめおよび審査報告書作成）】
	11:30	12:00	最終会議（クロージングミーティング）

※プログラムは一例です。対象となる場所や人員規模により審査プログラムは変わります。

②第二段階

第二段階審査は**運用審査**とも呼ばれ、組織が自ら定めたISMS（情報セキュリティ方針、目的、手順など）を順守しているかどうかを、当該ISMSがISO/IEC 27001のすべての要求事項に適合し、かつ組織の情報セキュリティ方針と目的を実現しつつあることが確認されます。

■第二段階審査のプログラム例

日程	時間		審査対象部門／審査内容	
	開始	終了	審査員①	審査員②
初日	9:00	9:10	事務打合せ	
	9:10	9:40	初回会議（オープニングミーティング）	
	9:40	10:10	**トップインタビュー**／組織の課題、利害者からの要求、方針など	
	10:10	10:30	**管理責任者**／組織の課題、利害者からの要求、方針、目的など	
	10:30	12:00	**事務局**／力量、文書記録管理など	**A部門**／リスクアセスメント、セキュリティ対策など
	12:00	13:00	昼休憩（昼食）	
	13:00	16:30	**情報システム部門**／リスクアセスメント、情報システム管理、セキュリティ対策など	**B部門**／リスクアセスメント、セキュリティ対策など
	16:30	16:45	休憩　【審査員会議（中間報告のまとめ）】	
	16:45	17:00	中間報告	
最終日	9:00	9:10	事務打合せ	
	9:10	12:00	**情報システム部門**／リスクアセスメント、情報システム管理、セキュリティ対策など	**C部門**／リスクアセスメント、セキュリティ対策など
	12:00	13:00	昼休憩（昼食）	
	13:00	16:00	**D部門**／リスクアセスメント、セキュリティ対策など	**E部門**／リスクアセスメント、セキュリティ対策など
	16:00	16:30	休憩　【審査員会議（審査まとめおよび審査報告書作成）】	
	16:30	17:00	最終会議（クロージングミーティング）	

※プログラムは一例です。対象となる場所や人員規模により審査プログラムは変わります。

(4) 認証登録

審査の結果、ISO/IEC 27001に適合していることが確認されると、認証機関から登録証が発行されます。**認証の有効期限は3年**です。

(5) 報告・公開

認証情報は、認証機関からISMS-ACに報告され、ISMS-ACのWebサイトで公開されます。なお、公開範囲や公開有無を選択できます。

■ ISMS認証取得機関検索画面

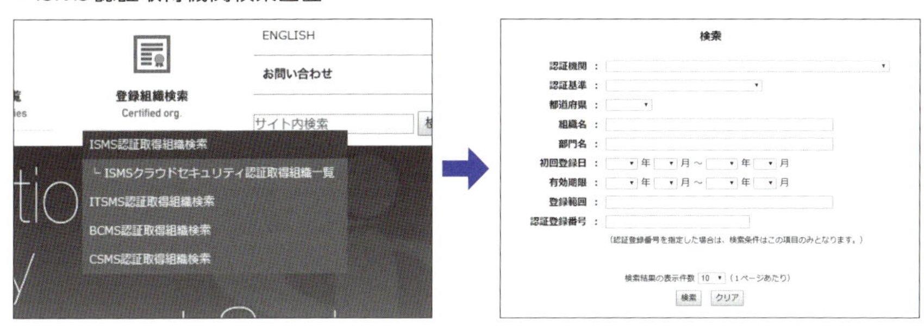

https://isms.jp/　　https://isms.jp/lst/ind/

(6) 認証の維持と更新

認証登録されたら、通常1年ごとにサーベイランス審査（維持審査）と3年ごとに再認証審査が行われるサイクルをくり返して、認証を維持・更新します。維持と更新にかかる審査工数は、初回認証審査でかかった工数が3年間かけて実施されるイメージです。

■ 認証後の維持・更新のイメージ

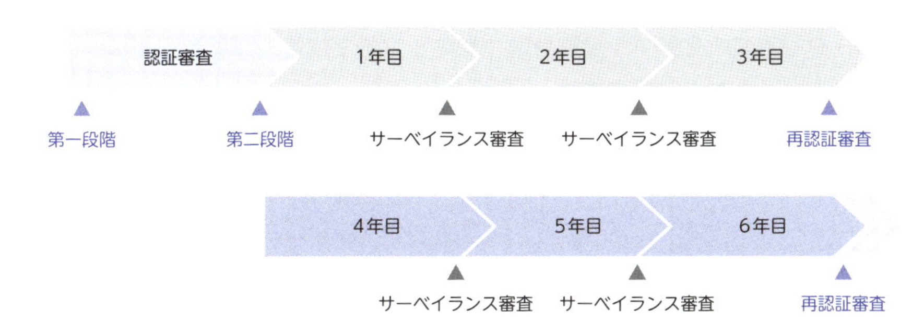

07 ISMS認証に関するガイド類

ISMS-ACでは、ISO/IEC 27001の認証取得や活用に関するガイドラインを発行しています。各種ガイドラインは、認証希望組織のISMSの構築や活用に有益な情報を提供しています。

JIS規格と関連ガイドライン

ここでは、ISMS認証に関する主なガイド類について解説していきます。

(1) ISO/IEC 27001に関連するJIS規格

ISOの公用語は英語、フランス語、ロシア語のため、日本語ではありません。従って、ISO/IEC Guide 21-1(国際規格及びその他の国際規範文書の地域及び国家採用－第1部：国際規格の採用)に基づき、国際規格全体を国家規格に採用し、最低限の編集上の差異以外はすべて一致(IDT：Identical)しているものとして、JIS(日本産業規格)が発行されています。

①JIS Q 27000:2019　情報技術ーセキュリティ技術―情報セキュリティマネジメントシステムー用語

ISO/IEC 27000に対応するJIS規格で、ISO/IEC 27000ファミリー規格において使用される用語などについて規定した規格です。

②JIS Q 27001:2014　情報技術ーセキュリティ技術―情報セキュリティマネジメントシステムー要求事項

ISO/IEC 27001に対応するJIS規格で、組織の事業リスク全般を考慮して、文書化したISMSを確立、実施、維持および継続的に改善するための要求事項を規定した規格です(2014年11月と2015年12月に正誤表が発行)。

③JIS Q 27002:2014　情報セキュリティ管理策の実践のための規範

ISO/IEC 27002に対応するJIS規格で、組織の情報セキュリティリスクの環境を考慮に入れた管理策の選定、実施および管理を含む、組織の情報セキュリティ標準および情報セキュリティマネジメントを実施するためのベストプラクティスをまとめた規格です（2014年11月に正誤表が発行）。

(2) ISMSユーザーズガイドーJIS Q 27001:2014 (ISO/IEC 27001:2013対応) (2014.4.14)

ISMS認証基準（JIS Q 27001:2014）の要求事項について、一定の範囲でその意味するところを説明しているガイドです。ISMS認証取得を検討、もしくは着手している組織において、実際にISMSの構築に携わっている人および責任者を主な読者として想定しています。

(3) ISMSユーザーズガイドーJIS Q 27001:2014 (ISO/IEC 27001:2013)対応ーリスクマネジメント編ー (2015.3.31)

ISMSユーザーズガイドを補足し、リスクアセスメントおよびその結果に基づくリスク対応についての理解を深めるために必要な事項について、例を挙げて解説しています。

(4) ISMSユーザーズガイド追補～クラウドを含む新たなリスクへの対応～ (2018.3.30)

JIS Q 27017の概要およびISMSクラウドセキュリティ認証の要求事項について解説する、ISMSユーザーズガイドの追補です。クラウドサービスを提供または利用する組織のISMS（情報セキュリティマネジメントシステム）の構築・運用に携わっている人および責任者を主な読者として想定しています。

(5) 外部委託におけるISMS適合性評価制度の活用方法ーJIS Q 27001:2014対応ー (2015.11.30)

組織において情報処理業務の一部またはすべてを外部委託する場合に、情報セキュリティ責任者および担当者が、委託先の選定にISMS適合性評価制度を活用するためのガイドです。

■ ISMS-ACが公開している主なガイドライン

名称	概要
ISMS適合性評価制度の概要 (2018.4)	ISMS適合性評価制度の概要を紹介したパンフレット
ISMSユーザーズガイド－JIS Q 27001:2014 (ISO/IEC 27001:2013対応) (2014.4.14)	ISMS認証基準 (JIS Q 27001:2014) の要求事項について、一定の範囲でその意味するところを説明しているガイド。ISMS認証取得を検討もしくは着手している組織において、実際にISMSの構築に携わっている人および責任者を主な読者として想定している
ISMSユーザーズガイド－JIS Q 27001:2014 (ISO/IEC 27001:2013) 対応－リスクマネジメント編－ (2015.3.31)	ISMSユーザーズガイドを補足し、リスクアセスメントおよびその結果に基づくリスク対応についての理解を深めるために必要な事項について、例を挙げて解説している
外部委託におけるISMS適合性評価制度の活用方法－JIS Q 27001:2014対応－ (2015.11.30)	組織において情報処理業務の一部またはすべてを外部委託する場合に、情報セキュリティ責任者および担当者が、委託先の選定にISMS適合性評価制度を活用するためのガイド
ISMSユーザーズガイド追補～クラウドを含む新たなリスクへの対応～ (2018.3.30)	JIS Q 27017の概要およびISMSクラウドセキュリティ認証の要求事項について解説する、ISMSユーザーズガイドの追補。クラウドサービスを提供または利用する組織のISMS (情報セキュリティマネジメントシステム) の構築・運用に携わっている人および責任者を主な読者として想定している
地方公共団体と情報セキュリティ～ISMSへの第1歩～ (2016.3.8)	地方公共団体がISMSに取り組む際に直面するかもしれない特有の問題を洗い出し、それに対処するためのアドバイスやノウハウをわかりやすく記載したハンドブック

出典：ISMS認証に関するガイド類 (https://isms.jp/std/)

情報セキュリティマネジメントシステム（ISMS）に関する用語

ISO/IEC 27001では、情報セキュリティやマネジメントシステムに関するさまざまな用語が使用されています。3章では、規格を理解するうえで知っておきたい重要な用語とその定義について解説しています。具体例も交えているので、参考にしてください。

08 情報セキュリティに関する用語

ISO/IEC 27001では、さまざまな情報セキュリティに関する用語が使われています。ISO/IEC 27000ファミリー規格の主だった用語の定義は、ISO/IEC 27000（JIS Q 27000）に定められています。

情報セキュリティに関する重要な用語の定義

ISO/IEC 27001には、さまざまな情報セキュリティに関する用語が使用されています。規格を理解するうえで重要な用語の定義は次のとおりです。

(1) 情報セキュリティ（information security）

【定義】情報の機密性、完全性及び可用性を維持すること（JIS Q 27000:2019の3.28）

ISMSでは、「情報の機密性」、「完全性」、「可用性」を情報セキュリティの3要素としており、組織が保有する情報が漏えいしないようにし（機密性）、改ざんや誤りがないようにし（完全性）、そして必要なときに必要な人が利用できるようにする（可用性）ためのしくみが求められます。この3要素はそれぞれの頭文字を取って**CIA**とも呼ばれます。どの程度の機密性、完全性、可用性が求められるのかは組織が決定するため、情報の価値に見合った取り扱いをすることが情報セキュリティともいえます。

■情報セキュリティの3要素

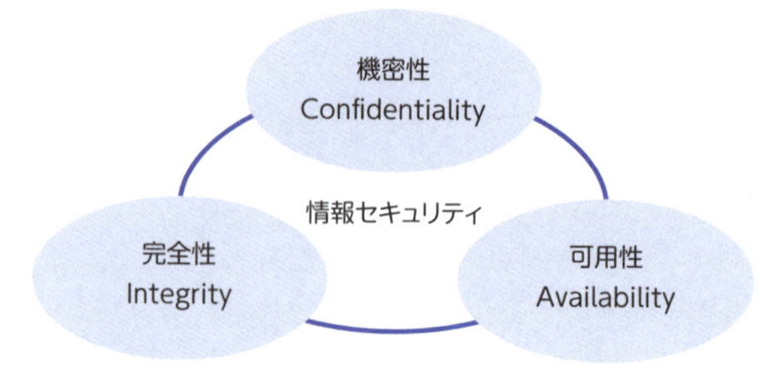

(2) リスク (risk)

【定義】目的に対する不確かさの影響 (JIS Q 27000:2019の3.61)

情報セキュリティにおけるリスクは、潜在的なインシデント(事故)の原因(脅威)が、情報資産の弱点(ぜい弱性)に付け込み、その結果、組織に損害を与える可能性にともなって生じます。

(3) 管理目的 (control objective)

【定義】管理策を実施した結果として、達成することを求められる事項を記載したもの (JIS Q 27000:2019の3.15)

管理目的は、実施している管理策が求めている結果や状態のことを指します。

(4) 管理策 (control)

【定義】リスクを修正する対策 (JIS Q 27000:2019の3.14)

管理策は、一般的に**セキュリティ対策**と呼ばれ、情報に対するリスクをコントロールするための対策です。

■リスク・管理目的・管理策の関係例

脅威	ぜい弱性	リスク	管理目的	管理策
ノートパソコンの社外持ち出し	パスワード未設定	紛失・盗難による情報漏えい	ノートパソコンの利用に関するセキュリティを確実にする	パスワードの設定
	不適切なパスワードの設定			長いパスワードの設定
	不要な持ち出し			持ち出し管理
担当者以外のサーバルームへの入室	ドアの未施錠	不正入室による故障・破壊	サーバルームへの入室を管理する	ドアの常時施錠
	入室者の未確認			入室記録の取得

(5) リスクアセスメント (risk assessment)

【定義】リスク特定、リスク分析及びリスク評価のプロセス全体（JIS Q 27000:2019の3.64）

リスクアセスメントは、次の①〜③の流れで実施します（6章参照）。

①リスク特定 (risk identification)

組織が保有する情報の脅威、ぜい弱性、脅威が発生した場合の影響、リスク所有者を特定します。

②リスク分析 (risk analysis)

特定したリスクが実際に生じた場合に起こり得る結果と現実的な起こりやすさについて評価し、リスクレベルを決定します。

③リスク評価 (risk evaluation)

決定したリスクレベルが受容可能か、何らかの対応が必要であるのかを決定します。

(6) リスク所有者 (risk owner)

【定義】リスクを運用管理することについて、アカウンタビリティ及び権限をもつ人又は主体（JIS Q 27000:2019の3.71）

一般的には特定の情報管理者であることが多いです。

(7) リスクレベル (level of risk)

【定義】結果とその起こりやすさの組合せとして表現される、リスクの大きさ（JIS Q 27000:2019の3.39）

リスクの大きさはリスクアセスメントで決定されます。

(8) リスク基準 (risk criteria)

【定義】リスクの重大性を評価するための目安とする条件（JIS Q 27000:2019の3.66）

リスクレベルを決定する際に用いる機密性、完全性、可用性、脅威、ぜい弱性などの評価基準を指します。

(9) リスク受容 (risk acceptance)

【定義】ある特定のリスクをとるという情報に基づいた意思決定(JIS Q 27000:2019の3.62)

決定されたリスクレベルについて、追加の対策は取らず、現状のリスクを受容する意思決定のことを指します。

(10) リスク対応 (risk treatment)

【定義】リスクを修正するプロセス(JIS Q 27000:2019の3.72)

リスク対応では、リスクアセスメントの結果に基づき、具体的なリスクの対応方法を決定することが求められます。また、好ましくない結果に対処するリスク対応は、リスク軽減、リスク排除、リスク予防およびリスク低減と呼ばれることがあります。

■ リスクアセスメントとリスク対応の関係

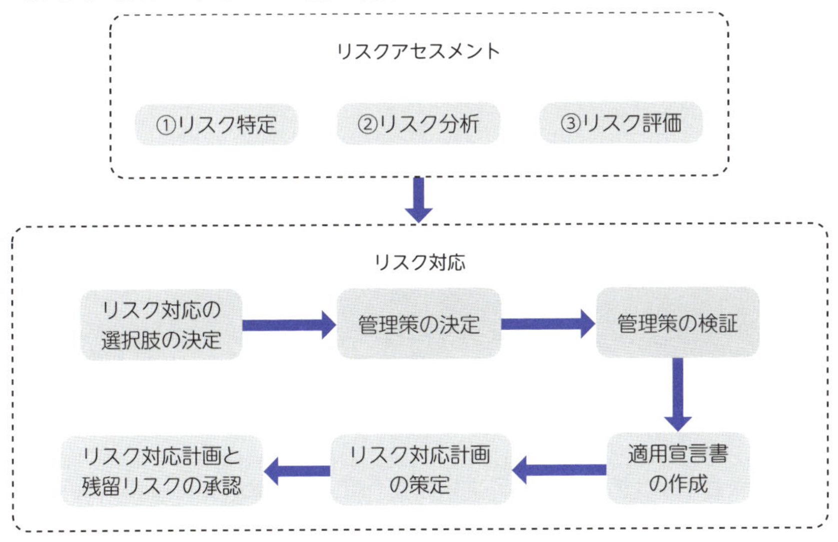

(11) 残留リスク (residual risk)

【定義】リスク対応後に残っているリスク(JIS Q 27000:2019の3.57)

残留リスクには、特定されていないリスクも含まれる場合があります。また、保有リスクともいわれます。

(12) 情報セキュリティ事象 (information security event)

【定義】情報セキュリティ方針への違反若しくは管理策の不具合の可能性、又はセキュリティに関係し得る未知の状況を示す、システム、サービス若しくはネットワークの状態に関連する事象 (JIS Q 27000:2019の3.30)

情報セキュリティ事象は、情報セキュリティ上好ましくない状態のことで、**事態 (incident)** または**事故 (accident)** と呼ばれることがあります。また、好ましくはないものの、事態や事故には至らない場合もあります。

(13) 情報セキュリティインシデント (information security incident)

【定義】望まない単独若しくは一連の情報セキュリティ事象、又は予期しない単独若しくは一連の情報セキュリティ事象であって、事業運営を危うくする確率及び情報セキュリティを脅かす確率が高いもの (JIS Q 27000:2019の3.31)

情報セキュリティインシデントは、たとえば誤送付 (メール／FAX／宛名間違い／封入ミス) などによる情報漏えい、マルウェア感染、紛失、不正アクセスなどのセキュリティ事故と呼ばれるものが該当します。

■ インシデント発生の例

(14) 情報セキュリティインシデント管理 (information security incident management)

【定義】情報セキュリティインシデントを検出し、報告し、評価し、応対し、対処し、更にそこから学習するための一連のプロセス (JIS Q 27000:2019の3.32)

ISMSでは、情報セキュリティインシデントへの対応手順の作成は必須です。学習するためのプロセスでは、発生したインシデントを分析し、再発防止の対策や教育・訓練などを実施します。

■ インシデント管理の流れ

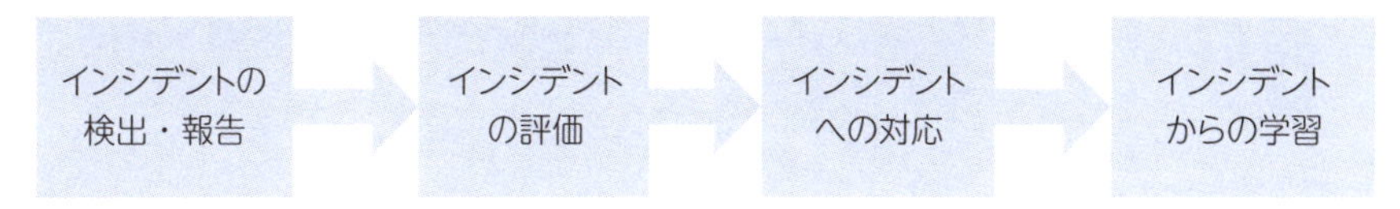

(15) 情報セキュリティ継続 (information security continuity)

【定義】継続した情報セキュリティの運用を確実にするためのプロセス及び手順（JIS Q 27000:2019の3.29）

情報セキュリティ継続は、組織の**事業継続計画（BCP）**の一部に含まれることが多く、たとえばサーバ機器が壊れた際の復旧手順などが該当します。

■ 事業継続計画（BCP）の概念図

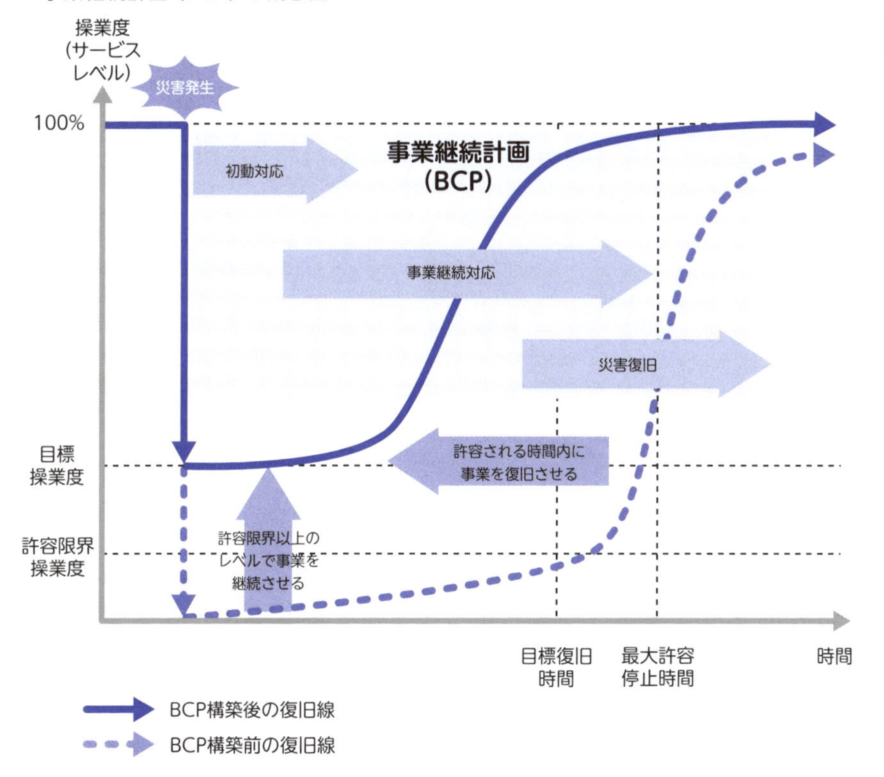

参考：BCMSユーザーズガイド－ISO 22301:2012対応－
一般財団法人日本情報経済社会推進協会（2013年5月15日）

09 マネジメントシステムに関する用語

ISO/IEC 27001は、情報セキュリティについてのマネジメントシステム規格です。ISO/IEC 27000（JIS Q 27000）には、情報セキュリティに関する用語以外にも、マネジメントシステムに関する用語の定義が定められています。

マネジメントシステムに関する重要な用語の定義

ISO/IEC 27001には、さまざまなマネジメントシステムに関する用語が使用されています。規格を理解するうえで重要な用語の定義は次のとおりです。

(1) マネジメントシステム（management system）

【定義】方針、目的及びその目的を達成するためのプロセスを確立するための、相互に関連する又は相互に作用する、組織の一連の要素（JIS Q 27000:2019の3.41）

マネジメントシステムは単なるしくみではなく、PDCAサイクルの構築と継続的な運用・改善が求められます。

(2) 方針（policy）

【定義】トップマネジメントによって正式に表明された組織の意図及び方向付け（JIS Q 27000:2019の3.53）

ISMSでは**情報セキュリティ方針**の策定が必須となります。

(3) 目的（objective）

【定義】達成する結果（JIS Q 27000:2019の3.49）

ISMSの場合、組織は特定の結果を達成するため、情報セキュリティ方針と整合性の取れた**情報セキュリティ目的**を設定することが要求されます。

(4) プロセス (process)

【定義】インプットをアウトプットに変換する、相互に関連する又は相互に作用する一連の活動（JIS Q 27000:2019の3.54）

プロセスとは、仕事や作業などの業務を指します。

■プロセスの例

インプット	プロセス	アウトプット
引合い情報	営業業務	受注・契約
注文書	製品販売業務	製品の出荷・配送

(5) 文書化した情報 (documented information)

【定義】組織が管理し、維持するよう要求されている情報、及びそれが含まれている媒体（JIS Q 27000:2019の3.19）

文書化した情報は、組織の運用のために作成された情報（文書類）や達成された結果の証拠（記録）が該当し、紙媒体やPDFだけでなく、情報システムへの登録情報などを電子化したものなど、あらゆる形式・媒体が含まれます。

(6) 力量 (competence)

【定義】意図した結果を達成するために、知識及び技能を適用する能力（JIS Q 27000:2019の3.9）

ISMSでは、担当する業務や責任の範囲に合わせて必要な力量を明確にし、必要に応じて教育・訓練を実施して力量を確保することが求められます。たとえば、ISMS内部監査員には、ISO/IEC 27001の知識や内部監査の実務、情報技術に関する知識などが求められます。

(7) 監査 (audit)

【定義】監査基準が満たされている程度を判定するために、監査証拠を収集し、それを客観的に評価するための、体系的で、独立し、文書化したプロセス（JIS Q 27000:2019の3.3）

ISMSでは内部監査が要求されます。監査では、**監査基準**（ISO/IEC 27001、ISMS関連ルール、法規制など）と**監査証拠**（質問の回答、目視での確認、文書や記録の内容など）を比較して**監査所見**（適合・不適合など）を明らかにし、監査の結論を導く活動です。

■監査に関する用語の関係

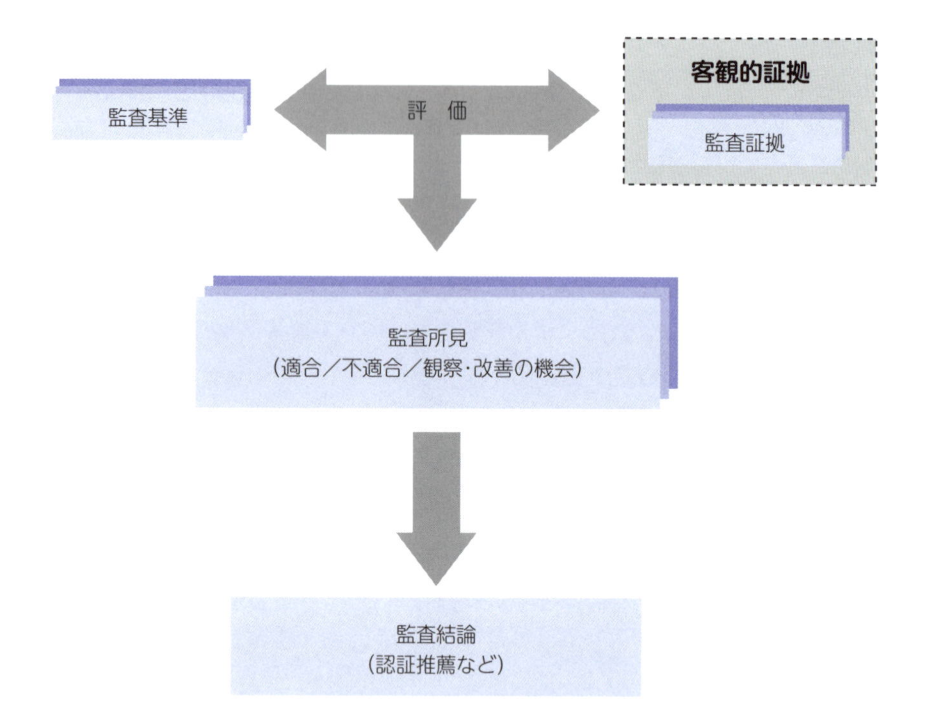

(8) 有効性 (effectiveness)

【定義】計画した活動を実行し、計画した結果を達成した程度（JIS Q 27000:2019の3.20）

是正処置で求めれられる有効性では、不適合の原因が除去され、再発しなくなった、もしくは再発の可能性が低くなったことを評価します。

4章

4 組織の状況

「4 組織の状況」は、組織を取り巻く情報セキュリティの状況を把握してISMSの適用範囲を定める要求事項が規定されています。「4.1 組織及びその状況の理解」、「4.2 利害関係者のニーズ及び期待の理解」、「4.3 情報セキュリティマネジメントシステムの適用範囲の決定」、「4.4 情報セキュリティマネジメントシステム」で構成されています。

10 4.1 組織及びその状況の理解

ISO/IEC 27001の「4.1 組織及びその状況の理解」は、情報セキュリティマネジメントシステム（ISMS）で取り組む組織の目的に関連する外部・内部の課題を明確にすることを要求しています。

組織の外部・内部課題を明確にする

ISO/IEC 27001の「4.1 組織及びその状況の理解」では、ISMSを構築する際に、組織の目的に関連する情報セキュリティ上の**外部課題**と**内部課題**を明確にすることが求められています。

組織の目的の具体的な例として、**企業理念**や**経営方針**、**事業計画**などが挙げられますが、その目的（意図した成果）を達成するための情報セキュリティ上の課題に取り組むISMSでなければ、構築して運用する意味がありません。組織のISMSが、事業課題のひとつである情報セキュリティについて、何を目的に、もしくはなぜ情報セキュリティについて取り組むのかを明確にして、外部課題と内部課題を決定する必要があります。決定された外部課題と内部課題は、「4.3 情報セキュリティマネジメントシステムの適用範囲の決定」と「6.1.1 一般（リスク及び機会に対処する活動）」で考慮すべき要素となります。

■ 組織及びその状況の理解のイメージ図

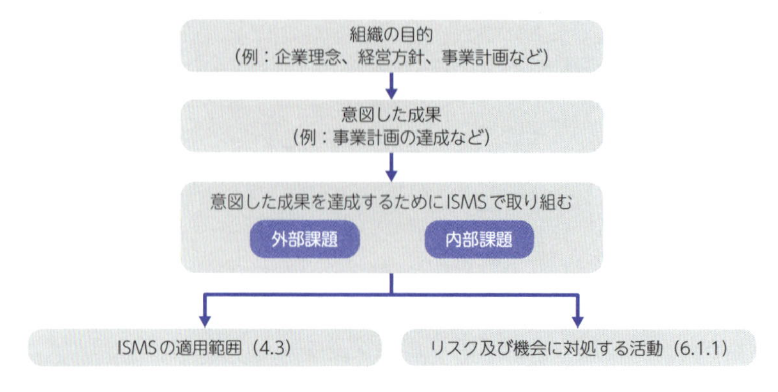

(1) 外部課題

外部課題を決定する際には、外部の利害関係者の目的や関心事を考慮することが重要です。外部課題の決定には以下の事項を含むことができます。

①社会および文化、法律、規制、技術、経済、競争の環境など

②組織の目的に影響を与える主要な原動力および傾向

③外部の利害関係者との関係や要求されるレベルなど

(2) 内部課題

内部課題を決定する際には、組織の文化やプロセス（業務）、体制および戦略と整合していることが重要です。内部課題の決定には以下の事項を含むことができます。

①組織体制、役割および説明責任の範囲

②組織の方針、目的などを達成するために策定された戦略

③資源および知識として把握される能力

④内部の利害関係者との関係や要求されるレベルなど

⑤情報システムや情報の流れ

⑥契約関係の形態や範囲

外部課題と内部課題は、**トップマネジメントが出席する会議などで決定**され、必要に応じて文書化されます。

■外部・内部課題の例

外部課題	内部課題
・情報通信技術の進展によるビジネス環境の変化、新たな脅威の発生への速やかな対応 ・新たな情報処理機器のビジネスへの活用と脅威の発生に対する速やかな対応 ・企業活動に求められる情報セキュリティに対する意識の変化への速やかな対応	・情報通信技術の進展に対する新技術の導入と対応力の向上（従業員の情報リテラシーの向上も含む） ・紛失・漏えいなど、情報セキュリティの事故防止と発生の可能性の低減 ・情報処理機器の故障・劣化、ソフトウェアに対する脅威への速やかな対応

まとめ ▶ 環境や脅威の変化を考慮した組織の課題を明確にする

11 4.2 利害関係者のニーズ及び期待の理解

ISO/IEC 27001の「4.2 利害関係者のニーズ及び期待の理解」は、ISMSに関連する利害関係者と、その利害関係者から要求される情報セキュリティに関連するニーズや期待を明確にすることを要求しています。

利害関係者からの要求や期待を明確にする

ISO/IEC 27001の「4.2 利害関係者のニーズ及び期待の理解」では、ISMSに関係する利害関係者（個人や組織）と、その利害関係者から要求される情報セキュリティに関連する要求事項を明確にすることが求められています。

利害関係者は、**「ある決定事項若しくは活動に影響を与え得るか、その影響を受け得るか、又はその影響を受けると認識している、個人又は組織」（JIS Q 27000:2019の3.37）**と定義されていることから、顧客以外にも従業員や出資者などが該当しますが、組織が管理できる範囲は限られているため、管理できる範囲で利害関係者の要求事項を特定します。

■ 組織と利害関係者との関係の一般的な例

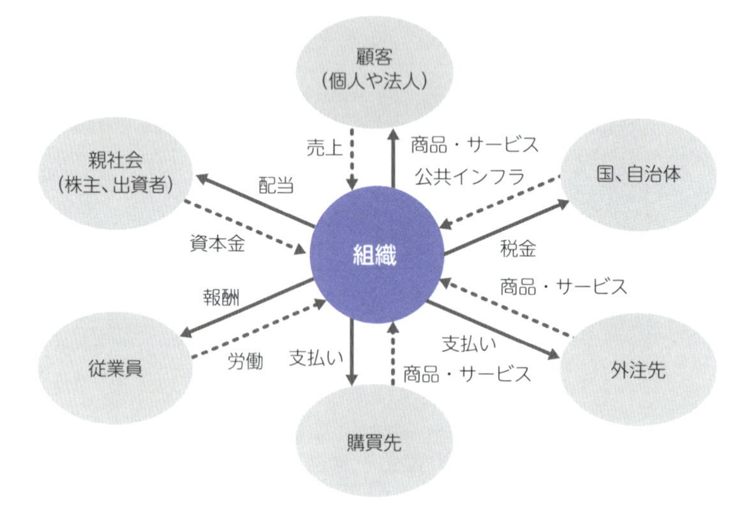

■ 利害関係者の情報セキュリティに対するニーズと期待の例

利害関係者	情報セキュリティに関連する要求事項
顧客（個人、法人）	・自分／自社の情報が常に正しく管理され、注文した商品やサービスを迅速に正しく提供してほしい ・クレジットカード情報、氏名、住所、電話番号、メールアドレス、購買履歴などの情報が目的外利用されたり、外部流出して詐欺などの被害に遭ったりしないよう、安全な管理をしてほしい
親会社（株主、出資者）、関連企業	・情報漏えいやサイバー攻撃などによる情報の破壊や改ざんなどで、企業の評判や信用を失墜させ、株価や配当に影響することがないようにしてほしい ・情報漏えいなどの事故発生により、関連企業グループ全体のブランドイメージを低下させないようにしてほしい
従業員とその家族	・従業員の個人情報（経歴などの採用時情報、健康診断情報、マイナンバーなど）の誤用、紛失、漏えい、改ざんなどがないように、安全な管理をしてほしい ・情報漏えいやサイバー攻撃などによる情報の破壊や改ざんなどで、企業の評判や信用を失い、従業員の雇用や収入に影響することがないようにしてほしい
購買先、外注先	・受発注から納品・請求・支払いまでの情報処理プロセスの安定運用と、処理誤りの防止に対する取り組みをしてほしい
国、自治体、社会	・法令、その他規範を順守した情報管理に対する企業としての取り組みをしっかりしてほしい ・漏えい事故の発生などに対する適切な対応、法令やその他規範に基づく事実の公表など、企業の社会的責任を果たすためのしくみを構築してほしい

まとめ

- **利害関係者からの要求事項を明確にする**
- **利害関係者には従業員や親会社・グループ企業も該当する**
- **組織が管理できる範囲で要求事項を特定する**

12 4.3 情報セキュリティマネジメントシステムの適用範囲の決定

ISO/IEC 27001の「4.3 情報セキュリティマネジメントシステムの適用範囲の決定」は、外部・内部の課題、利害関係者のニーズ、管理できる情報の範囲を考慮して、ISMSの適用範囲を決定することを要求しています。

合理的な理由に基づいて適用範囲を決定する

ISO/IEC 27001の「4.3 情報セキュリティマネジメントシステムの適用範囲の決定」では、以下の①〜③を考慮して、ISMSの適用範囲（活動範囲）を決定することが求められています。また、その**文書化**も求められています。

①「4.1 組織及びその状況の理解」で決定した外部・内部の課題
②「4.2 利害関係者のニーズ及び期待の理解」で決定した利害関係者の情報セキュリティに関連する要求事項
③ 組織が実施する活動（業務内容）や他の組織との情報のやり取り、その方法など

適用範囲の文書化については、組織の名称や部門名、場所や区画、対象業務や対象となる資産、ネットワークの範囲などを明確にする必要があります。

■ 適用範囲の文書化に含まれる内容

組織	・対象組織、その全体における位置付け ・適用範囲外の関連部門・外部組織とのインターフェース
ロケーション	・地域的ロケーションおよび同一建物内のレイアウト（区画）
事業・業務	・関連する事業・業務の中での位置付け、それらとの関連と境界 ・事業・業務のプロセス（しくみと流れ）の定義、そこにおける位置付けと境界
資産	・対象となる情報資産
技術	・対象とする情報システム、ネットワーク

ISMSの適用範囲は、組織全体や関連企業すべてなどのように複数の組織を対象にしたり、事業部や営業部などのように特定の部門だけを対象にしたりして適用範囲を決定することができますが、「なぜその適用範囲にしたのか？」という問いに対して、明確で合理的な理由が必要となります。

■ 適用範囲の記載例

組織	株式会社〇〇〇〇
ロケーション	本社：東京都〇〇〇〇 支社：大阪府〇〇〇〇
事業・業務	〇〇システムの設計、開発、販売および保守サポート
資産	当社が持つすべての資産および情報システム
技術	以下の図を参照

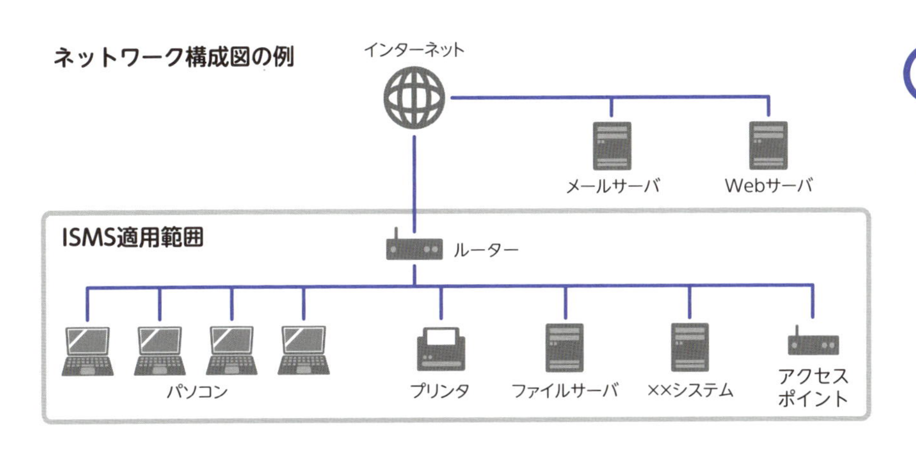

- ISMSの適用範囲の決定とその文書化が必要
- 適用範囲を文書化する際には明確な記載が求められる
- 適用範囲の決定には合理的な理由がなければならない

13 4.4 情報セキュリティマネジメントシステム

ISO/IEC 27001の「4.4 情報セキュリティマネジメントシステム」は、合理的に決定された適用範囲において、PDCAサイクルに基づくISMSの構築・運用を要求しています。

PDCAサイクルに基づいたISMSの構築を決定する

ISO/IEC 27001の「4.4 情報セキュリティマネジメントシステム」では、「4.3 情報セキュリティマネジメントシステムの適用範囲の決定」で決定した適用範囲を対象に、PDCAサイクルに基づくISMSの構築・運用を要求しています。

PDCAサイクルの各段階で具体的に実施しなければならない要求事項は、ISO/IEC 27001の箇条5〜10までに定められています。箇条4の大きな役割は、**ISMSの適用範囲を合理的に決める**ことにあります。

■ 箇条4の要求事項の位置付け

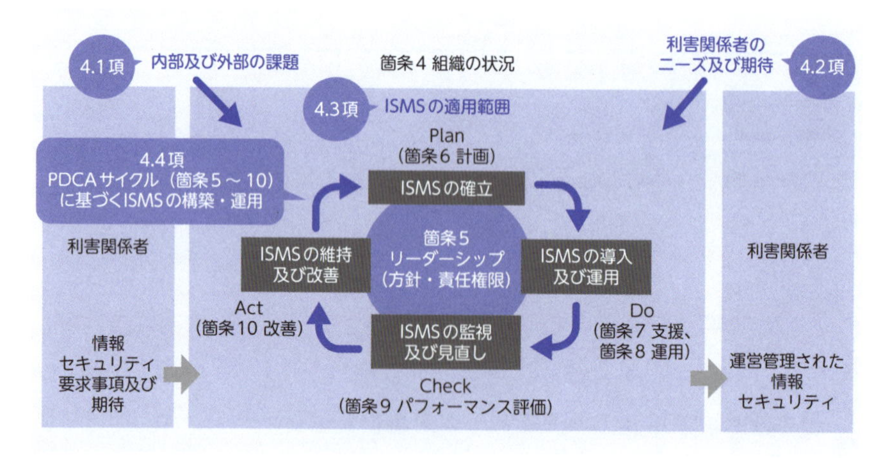

▶ 4.3で決定した適用範囲でISMSのPDCAを回す

5章

5 リーダーシップ

「5 リーダーシップ」には、トップマネジメントに求められる役割が要求事項として示されています。本要求事項は、「5.1 リーダーシップ及びコミットメント」、「5.2 方針」、「5.3 組織の役割、責任及び権限」で構成されています。

5.1 リーダーシップ及びコミットメント

ISO/IEC 27001の「5.1 リーダーシップ及びコミットメント」は、ISMSのトップマネジメントが責任を持たなければならない内容について要求しています。

トップマネジメントの責任の内容

トップマネジメントとは、**「最高位で組織を指揮し、管理する個人又は人々の集まり」(JIS Q 27000:2019の3.75)** と定義され、ISMSの適用範囲における最高責任者を指します。本要求事項は、トップマネジメントの責任として実施する(または実施させなければならない)以下の①～⑧の内容を要求しています。

■トップマネジメントに求められる内容

①情報セキュリティ方針及び情報セキュリティ目的を確立し、それらが組織の戦略的な方向性と両立することを確実にする【5.1 a)】

②組織のプロセスへのISMS要求事項の統合を確実にする【5.1 b)】

③ISMSに必要な資源が利用可能であることを確実にする【5.1 c)】

④有効な情報セキュリティマネジメント及びISMS要求事項への適合の重要性を伝達する【5.1 d)】

⑤ISMSがその意図した成果を達成することを確実にする【5.1 e)】

⑥ISMSの有効性に寄与するよう人々を指揮し、支援する【5.1 f)】

⑦継続的改善を促進する【5.1 g)】

⑧その他の関連する管理層がその責任の領域においてリーダーシップを実証するよう、管理層の役割を支援する【5.1 h)】

コミットメントは、一般的に誓約や約束という意味で用いられますが、5.1項では、**トップマネジメントによる誓約・約束**と解釈します。また、箇条5はISMSのPDCAサイクルの軸となる要求事項が定められています。

まとめ ▶コミットメントとは、トップマネジメントによる誓約を示す

15 5.2 方針

ISO/IEC 27001の「5.2 方針」は、トップマネジメントが示すISMSの方向性や実施しなければならないことを「情報セキュリティ方針」として文書化することを要求しています。

「情報セキュリティ方針」の作成

ISO/IEC 27001の「5.2 方針」では、トップマネジメントが組織のISMSで取り組まなければならない活動の方向性や、実施しなければならないことを**「情報セキュリティ方針」**として文書化し、組織内への伝達（周知）や、必要に応じて利害関係者が入手できるようにすることを要求しています。情報セキュリティ方針は、以下のa)～d)の内容を満たすことが要求されますが、規格の文書をそのまま記載した方針では、要求事項の趣旨に反するので気を付けましょう。

■ 情報セキュリティ方針の策定と伝達など

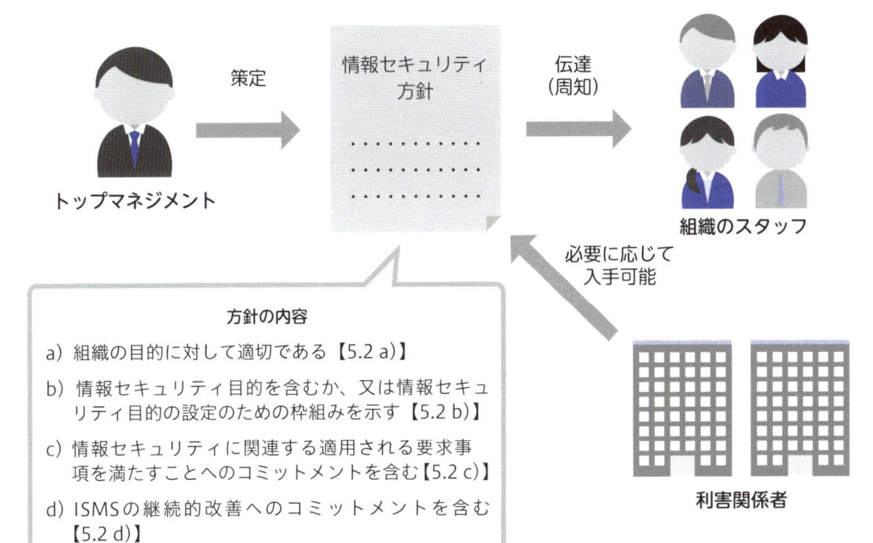

■情報セキュリティ方針の例

情報セキュリティ方針

株式会社○○○○は、事業の全ての領域において、顧客の情報などを安全に管理することが、重要であると認識しています。

当社の情報を適切に管理するために、情報セキュリティ対策を整備し、確実に実施することを目的として、次の事項を実施します。

1. 情報セキュリティは、情報の機密性、完全性及び可用性を維持することと定義します。
2. 情報セキュリティ対策に関する活動には、役員を含む全従業員が参画します。
3. ○○事業者としての社会的な責任を果たすことと、保有する情報を適切に管理するために、情報セキュリティマネジメントシステム（ISMS）を確立し、維持します。
4. ISMSは事業上及び法令又は規制要求事項、並びに契約上のセキュリティ義務の重要性を理解し、順守します。
5. リスクアセスメントを実施することにより、様々な脅威に対する情報セキュリティ対策を整備し、実施します。
6. 役員を含む全従業員に対して、セキュリティ意識の向上を図るための教育訓練を定期的に実施します。
7. ISMSが有効に実施され、維持できていることを検証するために、定期的に内部監査を実施します。
8. 情報に対する脅威の変化に対して、ISMSを継続的に改善します。

xxxx年xx月xx日
株式会社○○○○
代表取締役　○○○○

まとめ

- **ISMSの目的や方向性を文書化する**
- **文書化した方針は組織内に周知する**
- **規格を引用しただけでは要求事項の趣旨に反する**

16 5.3 組織の役割、責任及び権限

ISO/IEC 27001の「5.3 組織の役割、責任及び権限」は、各責任者や部門のISMS運用に関する必要な役割と責任、権限を明確にすることを要求しています。

責任者や部門に責任や権限を割り当てる

ISO/IEC 27001の「5.3 組織の役割、責任及び権限」では、トップマネジメントが、以下の①～②を確実にするために、情報セキュリティに関する役割に対して、各責任者や部門に必要な責任や権限を割り当てることを要求しています。

①ISMSが、ISO/IEC 27001の要求事項に適合することを確実にする【5.3 a)】
②ISMSのパフォーマンスをトップマネジメントに報告する【5.3 b)】

一般的に、推進体制図や、ISO/IEC 27001で要求される活動を**どの部門が主管するのかがわかるものを文書化**します。また、トップマネジメントがISMSの管理責任者を任命して運用に関する権限を与えたり、特定の部門に責任や権限を割り当てづらい業務などを主管する事務局などを設置したりする場合があります。

■ ISMS推進体制図の例

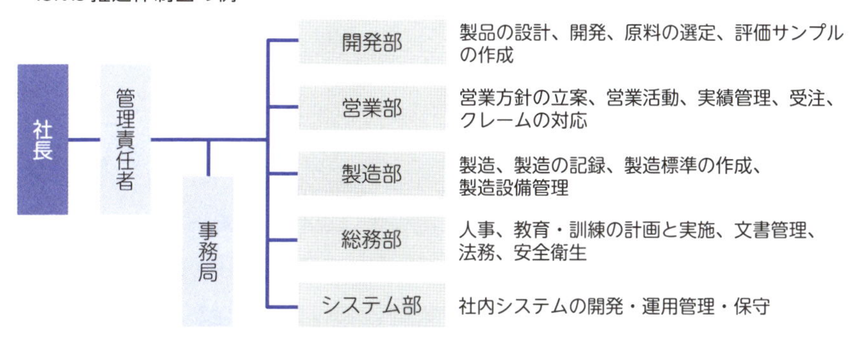

■ ISMSの責任及び権限を明確にした例

ISO/IEC 27001（◎：主管　○：関連）＼組織		社長	管理責任者	事務局	営業部	製造部	総務部	システム部
4	組織の状況	－	－	－	－	－	－	－
4.1	組織及びその状況の理解	◎	○					
4.2	利害関係者のニーズ及び期待の理解	◎	○					
4.3	情報セキュリティマネジメントシステムの適用範囲の決定	◎	○					
4.4	情報セキュリティマネジメントシステム	◎	○					
5	リーダーシップ	－	－	－	－	－	－	－
5.1	リーダーシップ及びコミットメント	◎	○					
5.2	方針	◎	○		○	○	○	○
5.3	組織の役割、責任及び権限	◎	○					
6	計画	－	－	－	－	－	－	－
6.1	リスク及び機会への取り組み	－	－	－	－	－	－	－
6.1.1	一般		◎	○				
6.1.2	情報セキュリティリスクアセスメント		◎	○	◎	◎	◎	◎
6.1.3	情報セキュリティリスク対応		◎	○	◎	◎	◎	◎
A.17.1	情報セキュリティ継続		◎	○	○	○	○	◎
A.17.2	冗長性							◎
A.18.1	法的及び契約上の要求事項の順守			◎				
A.18.2	情報セキュリティのレビュー		◎	○	○	○	○	○

まとめ

- 各責任者・部門に責任や権限を与え、ISMSの関係者に伝達する

6 計画

「6 計画」では、マネジメントシステムを確立するための要求事項が規定されています。「6.1 リスク及び機会に対処する活動」に含まれる「6.1.1 一般」、「6.1.2 情報セキュリティリスクアセスメント」、「6.1.3 情報セキュリティリスク対応」と、「6.2 情報セキュリティ目的及びそれを達成するための計画策定」で構成されています。

17 6.1.1 一般

ISO/IEC 27001の「6.1.1 一般」は、外部・内部課題と利害関係者の要求を考慮してリスクと機会を決定し、組織のリスクマネジメントと整合したISMSの構築を要求しています。

対処する必要のあるリスク及び機会を決定する

ISO/IEC 27001の「6.1.1 一般」では、ISMSを構築する際、「4.1 組織及びその状況の理解」で明確にした**外部課題および内部課題**と、「4.2 利害関係者のニーズ及び期待の理解」で明確にした**利害関係者からの情報セキュリティに関連する要求事項**を考慮して、次のa)～c)を判断基準とし、対処する必要のあるリスク及び機会を決定することを要求しています。

a) ISMSがその意図した成果を達成できることを確実にする
b) 望ましくない影響を防止または低減する
c) 継続的改善を達成する

決定したリスク及び機会については、**d) 対処する活動の計画**、**e) ISMSに統合して実施、有効性を評価する方法を計画**することを要求しています。

「6.1.1 一般」は、組織のリスクマネジメントと整合したISMSを構築するために、どのようなリスクを管理して、どのような機会（望むべき成果や状態）を得るのかを決定する必要があります。たとえば、「不適切な情報の取り扱いの発生（リスク）について、リスクアセスメントを実施して適切な取り扱いを決めて取り扱う（機会）」「法改正への未対応による順守義務違反の可能性（リスク）について、定期的に関連法令を調査し、必要に応じて手順を改訂して法令順守を徹底する（機会）」など、情報セキュリティに関連するリスクだけでなく、マネジメントシステムの観点から特定します。

リスク及び機会の特定やそれに対処する活動の決定においては、「6.1.2 情報セキュリティリスクアセスメント」「6.1.3 情報セキュリティリスク対応」「6.2 情報セキュリティ目的及びそれを達成するための計画策定」でISMSで取り組む具体的な活動を計画し、「8.1 運用の計画及び管理」「8.2 情報セキュリティリスクアセスメント」「8.3 情報セキュリティリスク対応」で運用（実施）、「9 パフォーマンス評価」で有効性を評価し、「10 改善」で処置を実施していくことになります。

■ リスク及び機会の決定からISMSの計画の流れ

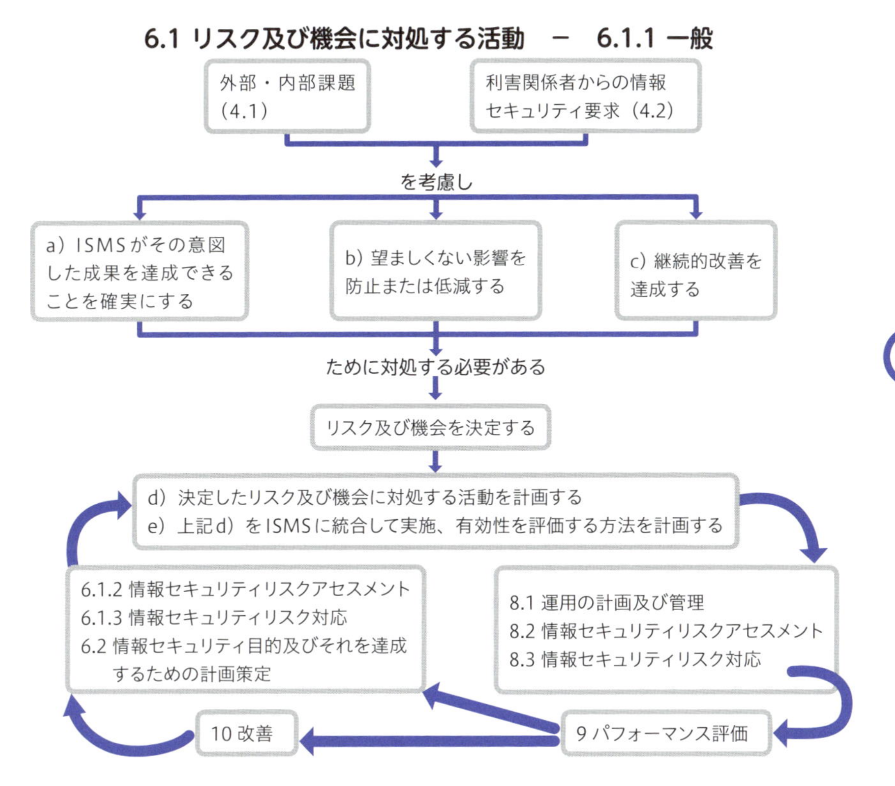

まとめ 4.1と4.2で明確にした要求事項に対して対処を行う

18 6.1.2 情報セキュリティリスクアセスメント

ISO/IEC 27001の「6.1.2 情報セキュリティリスクアセスメント」は、ISMSで重要となるリスクアセスメントのプロセスの確立について要求しています。

リスクアセスメントの手順や判断基準を決定する

ISO/IEC 27001の「6.1.2 情報セキュリティリスクアセスメント」では、**リスクアセスメントの手順や判断基準の文書化**を要求しています。

リスクアセスメントとは、どのようなリスクが存在し（リスク特定）、それがどの程度発生しやすいのか、発生したときにどの程度の影響があるのかを明らかにし（リスク分析）、あらかじめ定められているリスク受容基準と比較してリスク評価するまでのプロセスのことで、次の（1）～（5）を満たしている必要があります。

（1）リスク基準の確立と維持【6.1.2 a)】

リスクアセスメントを誰が、いつ、どのような評価基準で行うのかの手順を決定します。一般的に手順（リスク基準）には以下の①～⑦が含まれます。

①資産目録（情報資産管理台帳）の作成
②資産価値（機密性・完全性・可用性）の評価基準
③脅威の評価基準
④ぜい弱性の評価基準
⑤リスクレベルの算出方法
⑥リスク受容基準
⑦リスクアセスメントの頻度など（実施するための基準）

(2) リスクアセスメントの一貫性と妥当性の確保【6.1.2 b)】

リスクアセスメントのリスク基準は、誰が行っても結果が同じようになるように決定する必要があります。

■ 資産価値の評価基準例

区分	評価値	評価基準
機密性	1	社外秘：従業員にしか見せてはならない／使用させない
	2	秘：担当従業員にしか見せてはならない／使用させない
	3	極秘："秘"以上に注意を要するもの
完全性	1	誤った変更または消失した際に復旧／再現の時間を要さない・不要
	2	誤った変更または消失した際に復旧／再現の時間を要する
	3	誤った変更または消失した際に復旧／再現ができない
可用性	1	常時利用・使用を必要としない
	2	常時利用・使用できるが一時的な利用不能が許容できる
	3	常時利用・使用できる状態を維持し続ける必要がある

■ 脅威の評価基準例

評価値	評価基準
1	リスクの発生は非常に低い／脅威が起こりうる可能性は非常に低い
2	リスクの発生は低い／脅威が起こりうる可能性は低い
3	リスクの発生は中程度／脅威が起こりうる可能性は中程度
4	リスクの発生は高い／脅威が起こりうる可能性は高い

■ ぜい弱性の評価基準例

評価値	評価基準
1	対策レベルは非常に高い／ぜい弱性が利用される可能性は非常に低い
2	対策レベルは高い／ぜい弱性が利用される可能性は低い
3	対策レベルは中程度／ぜい弱性が利用される可能性は中程度
4	対策レベルは非常に低い／ぜい弱性が利用される可能性は高い

(3) リスクの特定【6.1.2 c)】

リスクの特定では、ISMS適用範囲の資産を洗い出し、その資産を取り巻く**「発生しては困る事象（脅威）」**と**「固有の弱点（ぜい弱性）」**を明確にしてリスクを特定します。リスクの特定では、次の①～⑥の内容を明確にすることが望ましいです。

①資産名
②資産の管理責任者（またはリスク所有者）
③資産の利用範囲（アクセス範囲）
④保管形態（紙やデータなど）
⑤保管場所
⑥資産価値（機密性、完全性、可用性の評価）
⑦資産を取り巻く脅威とぜい弱性の評価

資産のリスクレベルは、明確にした「資産価値（機密性、完全性、可用性）」と「脅威」、「ぜい弱性」の組み合わせにより決定します。

■脅威、ぜい弱性とリスクの関係

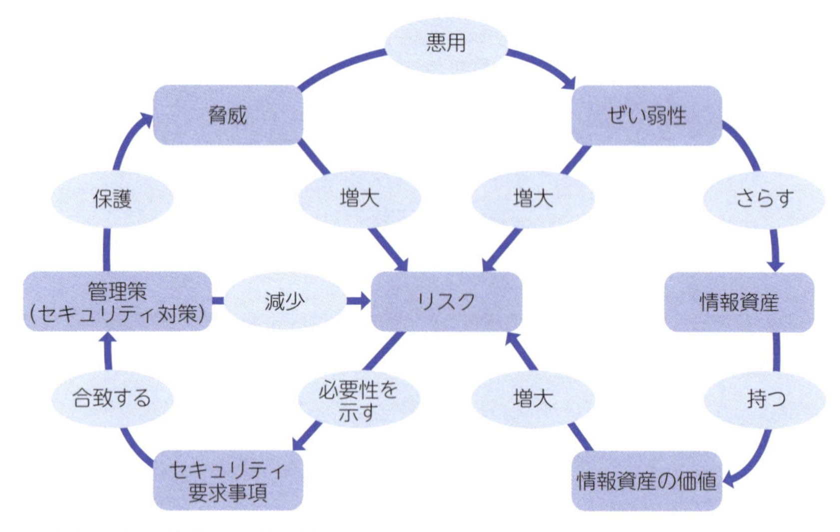

出典：ISMS-AC「ISMSユーザーズガイド—JIS Q 27001:2014（ISO/IEC 27001:2013）対応—リスクマネジメント編—」

(4) リスクの分析【6.1.2 d)】

リスクの分析では、「(3) リスクの特定」で明確にした脅威とぜい弱性について、「(1) リスク基準の確立と維持」で明確にしたリスク基準を用いて、「資産価値（機密性、完全性、可用性）」と「脅威」、「ぜい弱性」の評価値を決定し、起こりうる結果や起こりやすさについて分析し、リスクレベルを決定します。

一般的にリスクレベルは以下のように算出します。

リスクレベル（値）＝資産価値×脅威×ぜい弱性

(5) リスクの評価【6.1.2 e)】

リスクの評価では、「(4) リスクの分析」で明確にしたリスクレベル（値）と、「(1) リスク基準の確立と維持」で明確にしたリスク受容基準とを比較して、受容できるのか、何らかの対策を講じる必要があるリスクなのかを評価します。

何らかの対策が必要であると評価したリスク対応の優先順位について、一般的にはリスクレベルが高いものから対応していきますが、レベルが同じ場合は、リスク所有者が判断することになります。

■ リスクレベル（値）の早見表とリスク受容基準の関係例

資産価値	脅威															
	1				2				3				4			
	ぜい弱性															
	1	2	3	4	1	2	3	4	1	2	3	4	1	2	3	4
1	1	2	3	4	2	4	6	8	3	6	9	12	4	8	12	16
2	2	4	6	8	4	8	12	16	6	12	18	24	8	16	24	32
3	3	6	9	12	6	12	18	24	9	18	27	36	12	24	36	48

□ リスクを受容できる範囲　■ リスクに対して何らかの対策を講じる範囲※

※ここでのリスク受容基準は、資産価値が高く（評価3）、脅威の発生の可能性は低い（評価1）が、リスクに対して何ら対策を取っていない場合（ぜい弱性4）のリスクレベルを基準としている

まとめ

- **リスクを特定して分析し、評価するまでを行う**
- **一般的にリスクレベルは「資産価値×脅威×ぜい弱性」で算出する**
- **リスクレベルに応じて優先順を決定し、対応していく**

19 6.1.3 情報セキュリティリスク対応

ISO/IEC 27001の「6.1.3 情報セキュリティリスク対応」は、リスクアセスメントの結果に基づいてリスク対応とその管理策を決定し、導入するためのリスク対応計画の策定について要求しています。

リスク対応計画を策定する

ISO/IEC 27001の「6.1.3 情報セキュリティリスク対応」では、リスクアセスメントで管理対象となったリスクに対して、ISMSでどのような対応を実施するのかを決定し、リスクを受容できる水準に修正するプロセスを文書化することを要求しています。

リスク評価は、リスク対応の選択肢を選定して、その実施に必要な管理策を決定し、リスク対応計画の策定、残留リスクを承認するプロセスのことで、次の(1)～(6)を満たしている必要があります。

(1) リスク対応の選択肢の選定【6.1.3 a)】

リスクアセスメントで優先順位付けされた管理対象のリスクを修正するためのリスク対応を、一般的に次の選択肢から選定します。

①リスク低減(管理策の選択)

リスクに対して適切な管理策(セキュリティ対策)を導入して、リスク源を除去したり、リスクの起こりやすさや結果を変えたりします。

②リスク回避

リスクを生じさせる活動を開始、または継続しません。たとえば、対象業務を廃止したり、対象資産を廃棄したりするなどがあります。

③リスク移転

リスクを他社と共有します。たとえば、サーバ管理を他社に委託したり、事故発生時の損害を保険で担保したりするなどがあります。

④リスク受容

リスクがあることを受容します。たとえば、優先順位の低いリスクに対して、現状以上の対策を行わないなどがあります。

(2) 管理策の決定【6.1.3 b)】

リスク対応の選択肢に基づいて、実施に必要なすべての管理策を決定します。たとえばリスク低減では、パスワードによるアクセス制限や施錠管理など、具体的な管理策を決定します。

ISO/IEC 27001規格には、**附属書A（規定）「管理目的及び管理策」**として、14の**「管理領域」**、35の**「管理目的」**、114の**「管理策」**が包括的に規定されているため、そこから選択することもできます。また、附属書Aに適切な管理策がない場合は、独自に追加の管理策を選択することも可能です。附属書Aの詳細は、9～17章で詳しく解説します。

■附属書A（規定）「管理目的及び管理策」の概要

14の管理領域	35の管理目的
A.5　情報セキュリティのための方針群	A.5.1
A.6　情報セキュリティのための組織	A.6.1～2
A.7　人的資源のセキュリティ	A.7.1～3
A.8　資産の管理	A.8.1～3
A.9　アクセス制御	A.9.1～4
A.16　情報セキュリティインシデント管理	A.16.1
A.17　事業継続マネジメントにおける情報セキュリティの側面	A.17.1～2
A.18　順守	A.18.1～2

(3) 管理策と附属書Aとの比較【6.1.3 c)】

管理策と附属書Aとの比較では、「(2) 管理策の決定」で導入を決めた管理策と、現状実施している管理目的及び管理策に漏れがないかどうかを附属書Aと比較し、必要なリスク対応に見落としがないかを検証します。

(4) 適用宣言書の作成【6.1.3 d)】

管理策の決定と附属書Aとの比較で決定した管理目的及び管理策について、次の①～④が含まれる**「適用宣言書」**を作成します。

①必要な管理策

②それらの管理策を含めた理由

③それらの管理策を実施しているか否か

④附属書Aに規定する管理策を除外した理由

■ 適用宣言書の例

管理目的	管理策	状態	実施理由または除外理由
A.5　情報セキュリティのための方針群			
A.5.1　情報セキュリティのための経営陣の方向性 目的：情報セキュリティのための経営陣の方向性及び支持を、事業上の要求事項並びに関連する法令及び規制に従って提示するため	**A.5.1.1** **情報セキュリティのための方針群**	実施	情報セキュリティの方針群を従業員、外部関係者に通知するため
	A.5.1.2 **情報セキュリティのための方針群のレビュー**	実施	情報セキュリティの方針群が適切、妥当かつ有効であることを確実にするため
A.6　情報セキュリティのための組織			
A.6.2　モバイル機器及びテレワーキング 目的：モバイル機器の利用及びテレワーキングに関するセキュリティを確実にするため	**A.6.2.1** **モバイル機器の方針**	実施	モバイル機器のリスクを管理するため
	A.6.2.2 **テレワーキング**	除外	テレワーキングを実施していない

(5) リスク対応計画の策定【6.1.3 e)】

作成した「適用宣言書」に基づき、受容できないリスクを低減する活動と選択した管理策の導入について、実施項目、資源（コストなど）、実施する責任者、完了予定時期、実施結果の評価方法、残留リスク（リスク対応後に残っているリスク）などが含まれる**「情報セキュリティリスク対応計画」**を作成します。

(6) 残留リスクの承認【6.1.3 f)】

情報セキュリティリスク対応計画と残留リスクの受容について、リスク所有者から承認をもらい、「適用宣言書」と「情報セキュリティリスク対応計画」を確定させます。ISMSにおいて、リスクアセスメントからリスク対応までは重要なプロセスになります。全体の流れは、9つの作業に整理することができます。

■ リスクアセスメントおよびリスク対応の流れ

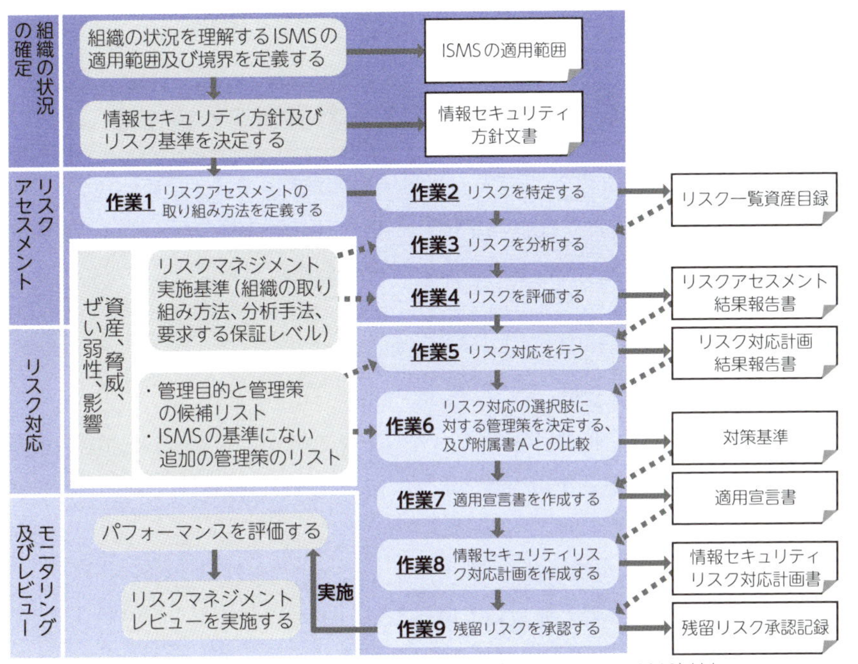

出典：ISMS-AC「ISMSユーザーズガイド－JIS Q 27001:2014 (ISO/IEC 27001:2013) 対応－リスクマネジメント編－」

まとめ

- リスクに対する管理策の決定と対応計画の策定を行う
- 附属書Aと比較して重要な管理策が漏れていないか確認する
- リスクアセスメントからリスク対応までのプロセスが重要

20 6.2 情報セキュリティ目的及びそれを達成するための計画策定

ISO/IEC 27001の「6.2 情報セキュリティ目的及びそれを達成するための計画策定」は、情報セキュリティ方針を達成するための情報セキュリティ目的と、それを達成するための計画策定を要求しています。

情報セキュリティ目的を決定し、計画書を作成する

ISO/IEC 27001の「6.2 情報セキュリティ目的及びそれを達成するための計画策定」では、情報の機密性、完全性および可用性を維持するために、組織としての**情報セキュリティ目的を決定し、計画書を作成する**ことを要求しています。

(1) 情報セキュリティ目的

情報セキュリティ目的は、情報セキュリティ方針が示すISMSの方向性について、その達成度を判定する指標の1つとして位置付けられ、次の①～⑤を満たしている必要があります。

①情報セキュリティ方針と整合している【6.2 a)】
②（実行可能な場合）測定可能である【6.2 b)】
③適用される情報セキュリティ要求事項、並びにリスクアセスメント及びリスク対応の結果を考慮に入れる【6.2 c)】
④伝達する【6.2 d)】
⑤必要に応じて、更新する【6.2 e)】

情報セキュリティ目的は、目標の決定手順を定めて、1年や3年などの複数年で設定する場合もあれば、組織全体の目的から部門の目的、各自の目的など、ブレイクダウンして設定する場合もあります。

情報セキュリティ目的決定時の注意点としては、ISMS適用範囲で情報セキュ

リティ目的に関係のないスタッフが発生しないようにすることです。また、目的を変更する際にも、決定時と同様の手続きを経て変更する必要があります。

情報セキュリティ目的は、実行可能な場合は測定可能であることが要求されますが、年1回、情報セキュリティに関する教育を実施するなど、実施の可否で測定できるものを設定したり、パスワードの定期変更率やセキュリティプログラムのインストール率など、数値目標を設定したりすることも可能です。

(2) 情報セキュリティ目的を達成するための計画

情報セキュリティ目的が決定したら、目的を達成するために、次の①〜⑤の内容を満たす具体的な計画を、組織が定めた手順に従って作成します。

①実施事項【6.2 f)】
②必要な資源【6.2 g)】
③責任者【6.2 h)】
④達成期限【6.2 i)】
⑤結果の評価方法【6.2 j)】

情報セキュリティ目的を達成するための計画は、達成結果以外にも定期的に実績を確認し、進捗を管理できるように作成するのが望ましいです。

■ 情報セキュリティ目的の決定と計画の作成

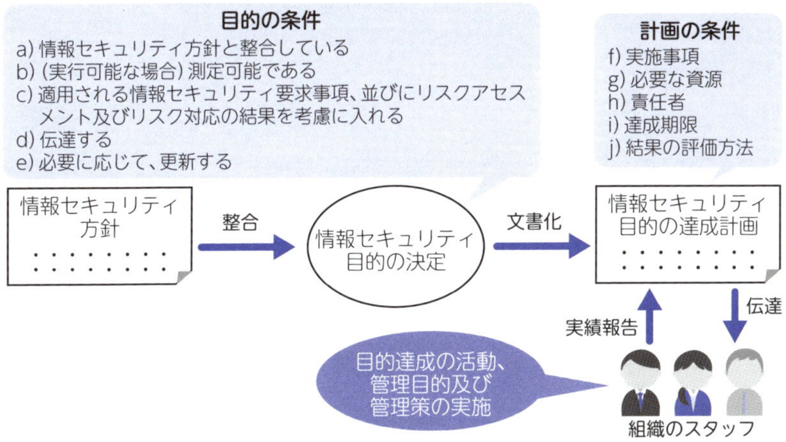

■ 情報セキュリティ目的の例

情報セキュリティ目的	実施事項	実施責任
管理する資産と取り巻くリスクを見直し、適切な管理策を導入して、受容可能なリスクレベルを維持する	毎年○月に「情報資産管理台帳」を見直し、「リスク対応計画」を策定する	全部門
パソコンへの不正アクセス防止を徹底する	年1回、パソコンのログインパスワードを変更する	全従業員
記憶媒体の管理を徹底し、紛失が確認された場合は迅速に対応する	月1回、記憶媒体の現物と「記憶媒体一覧表」を確認し、紛失していないかを確認する	○○部 △△部 ××部
オフィスへの不正アクセス防止を徹底する	6ヶ月に1回、オフィスへの入退出カードの貸与者数と現物を確認し、紛失や未回収がないかを確認する	○○部
○○システムへの不正アクセス防止を徹底する	6ヶ月に1回、○○システムの登録ユーザーを見直し、不要なユーザーは削除する	システム部
重要な情報システムに対して緊急事態が発生した場合の復旧時間を最短にする	年1回、重要な情報システムの復旧手順に関するマニュアルの見直しと妥当性を確認し、必要に応じて手順を変更する（実施可能な場合は演習する）	システム部
従業員に情報セキュリティの重要性と自分自身の役割を理解させ、情報セキュリティについての認識を維持・向上させる	年1回以上、情報セキュリティの最新動向とセキュリティ対策についての教育を実施する	○○部
情報セキュリティ関連法令の制定・改正内容を特定し、ISMSを改善する	毎年○月に「法令、国が定める指針及びその他の規範一覧表」を見直す	××部

まとめ

- 測定可能な情報セキュリティ目的を設定する
- すべての要員が情報セキュリティ目的の活動に参加する
- 定められた手順に従って計画書を作成し、定期的に管理する

7 支援

「7 支援」には、ISMSの運用をサポートするために必要な要求事項が規定されています。「7.1 資源」、「7.2 力量」、「7.3 認識」、「7.4 コミュニケーション」、「7.5 文書化した情報」の5つの項で構成されています。

21 7.1 資源

ISO/IEC 27001の「7.1 資源」は、ISMSを確立、実施、維持、そして継続的に改善するための資源を決定し、提供することを要求しています。

ISMSに必要な資源を決定・提供する

ISO/IEC 27001の「7.1 資源」では、ISMSに必要な資源を決定し、提供することが包括的に求められています。資源の具体的な例としては、「5.3 組織の役割、責任及び権限」で割り当てる責任と権限に整合した推進体制の確立や、運用に必要な情報処理機器や情報システム、物理的にセキュアな環境、それらを構築・維持するために必要となる資金など、一般的に**「人」「物」「金」「情報」**といった資源が該当します。

この資源の提供については、「5.1 リーダーシップ及びコミットメント」で要求されるため、トップマネジメントがISMSの必要性を理解して、そのために必要な資源の決定と提供を行います。

■ トップマネジメントによる資源の提供

まとめ ▶ ISMSを運用していくうえで必要な資源を決定して提供する

22 7.2 力量

ISO/IEC 27001の「7.2 力量」は、ISMSの各要員に求められる力量を明確にして、評価に応じて必要な力量を取得・維持する教育・訓練を実施することを要求しています。

要員に求められる力量を明確にする

ISO/IEC 27001の「7.2 力量」では、ISMSの適用範囲にある要員に求められる**力量（知識や技能など）**を明確にして、要員がどのような力量を持っているのかを評価し、必要な**教育・訓練を計画して実施**します。その後、必要な力量を取得・維持できたかどうかの**有効性を評価**して、それらの**記録を保持**することが求められています。

(1) 力量基準の決定【7.2 a)】

ISMSを運用するために、各要員が「5.3 組織の役割、責任及び権限」で割り当てられた役割と責任を果たすために必要な力量を備えておく必要があります。

■要員に求められる力量の例

要員	求められる力量
ISMS管理責任者 ISMS事務局	・ISMS運用（全社適用）に必要なISMS関連ルールの作成 ・ISMS運用支援業務（全体的業務）の実施 ・情報システムの導入、運用、管理、維持
部門長 ISMS部門担当者	・部門のISMS運用（リスクアセスメントなど）の実施 ・部門の情報セキュリティ対策の推進
従業員	・情報セキュリティ方針の重要性の理解 ・所属部門・担当業務で実施している情報セキュリティ対策の順守と重要性の認識 ・対策を実施しなかった場合に発生するリスクへの認識
ISMS内部監査員	・社内外における内部監査員教育の修了

力量とは、**「意図した結果を達成するために、知識及び技能を適用する能力」(JIS Q 27000:2019の3.9)**と定義され、業務や役割ごとに明確にします。また、各要員がどのような力量を持っているのか、その程度も含めて明確にすると、個別の教育・訓練の計画立案に役立ちます。

■ 要員ごとに力量を評価する場合の例

分類	力量評価項目	○○部		××部
		Aさん	Bさん	Cさん
共通	パソコンの基本操作	A	A	S
	社内システムの基本操作	A	A	S
	施設入退管理規定の理解	A	A	A
営業業務	顧客情報の管理	S	B	–
	見積・請求情報の管理	S	B	–
	契約書類の管理	A	A	–
	モバイル機器の取り扱い	B	B	–
	タブレット端末の取り扱い	C	C	–
システム管理	○○システムのユーザー管理	–	–	S
	○○システムの保守	–	–	S
資格	内部監査員(社内外教育済み)	○	–	○

S:指導できる　A:実施できる　B:教育中　C:教育未　–:対象外　○:保有

(2) 教育・訓練の実施【7.2 b)】

力量基準に対する評価結果をもとに、必要な力量を保有するための教育・訓練を計画し、実施します。

①教育・訓練方法の決定

教育・訓練の方法は、組織内の集合研修や個人研修、実務を通じた職場訓練（OJT／現任訓練）、外部講習の受講、資格試験の受験などがありますが、必要な力量を保有することが目的のため、目的を達成するために効果の高い方法を選択することが重要です。

②教育・訓練計画の作成

教育・訓練の実施には、あらかじめ、いつ、誰を対象に、どのような教育・訓練を実施させるのかを明確にした**計画書類**を作成します。

計画書類は、年間教育計画のフォーマットを定めて作成する場合もありますが、計画に当たる内容が、既存の文書や情報システムに登録されている場合は、それを計画書類としてもよいでしょう。

③教育・訓練の実施

計画に従って、教育・訓練を実施します。なお、計画に変更が生じた場合は、計画書類を変更して実施します。

(3) 教育・訓練の有効性評価【7.2 c)】

教育・訓練は、必要な力量を保有することが目的のため、その**有効性を評価**します。評価方法には、テストやアンケート、上長の評価などがあります。

(4) 力量、教育・訓練の記録【7.2 d)】

ISO/IEC 27001では、力量の証拠として、教育・訓練の計画・実施の**記録の保持**が要求されています。

■ 教育・訓練の流れ

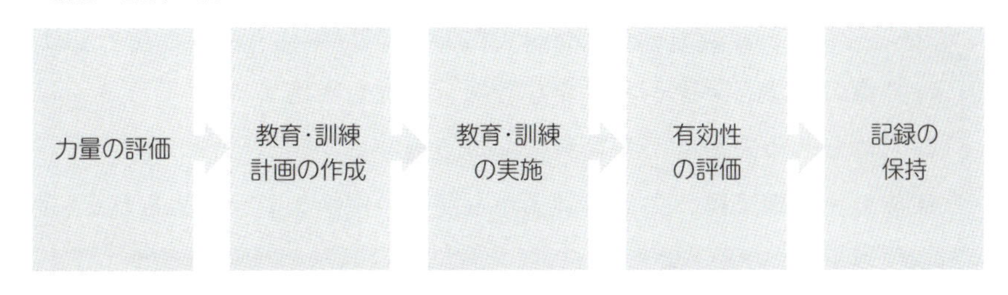

■ 教育・訓練内容の例

区分		教育概要	主管	計画	記録
一般セキュリティ	入社時教育（配属前）	・ISMS概要 ・情報セキュリティ基本 ・社内システムの利用方法	人事	新入社員研修スケジュール	研修実施記録
	全社員研修	・情報セキュリティ方針 ・情報セキュリティ目的 ・ISMS運用状況、インシデントの発生など	総務	研修開催案内（電子掲示）	研修議事録
	緊急時対応訓練	・防災訓練（火災、地震） ・システムの復旧演習	総務	防災訓練計画	防災訓練記録
個別セキュリティ	○○業務	・○○業務書類の取り扱い ・○○業務データの取り扱い	○○	教育訓練計画書	教育訓練記録
	××製造業務（OJT）	・図面の取り扱い ・製品の取り扱い	××	作業予定表	日報、月報
	社内システムの利用	・社内システムの利用方法 ・順守事項の理解	情報システム	教育訓練計画書	教育訓練記録
	社内システムの管理（OJT）	・社内システムのユーザー管理 ・バックアップの取得と復旧	情報システム	保守計画	日報、月報
	社外研修	・社外研修申請書類に明記	部門長	社外研修申請書類	社外研修受講報告書
資格	内部監査員	・ISO/IEC 27001の理解 ・内部監査実務	事務局	教育訓練計画書	教育訓練記録

まとめ

- 要員の力量を評価し、必要な計画・訓練を実施する
- 求められる力量は、各要員によって異なる
- 教育・訓練では、力量の評価から記録の保持までが求められる

23 7.3 認識

ISO/IEC 27001の「7.3 認識」は、ISMS適用範囲のすべての要員に、方針や自身が関わるセキュリティ対策と実施しなかった場合の影響を認識させることを要求しています。

ISMSの各要員に責任の範囲を認識させる

ISO/IEC 27001の「7.3 認識」では、ISMS適用範囲のすべての要員に割り当てられている責任の範囲において、次の①～③についての認識を持たせることを要求しています。

①トップマネジメントが示した情報セキュリティ方針を理解し、ISMSの重要性や取り組みの方向性について認識する【7.3 a)】
②情報セキュリティパフォーマンスが向上することによって、どのようなメリットがあるのか、自身の業務とISMSがどのような関係にあって、具体的にどのような活動（セキュリティ対策）を実施して貢献していくのかを認識する【7.3 b)】
③自身や各要員がISMSにおいて割り当てられた責任を果たさなかった場合に、どのようなインシデントが発生するのか、組織にどのような影響が起こりうるのかを認識する【7.3 c)】

上記の①～③の認識を持たせるための方法としては、**「7.2 力量」**に従って、情報セキュリティの重要性を定期的に教育・訓練したり、**「7.4 コミュニケーション」**による情報提供や共有を行ったりすることなどが挙げられます。

▶ 情報セキュリティ方針の理解、ISMSの重要性の認識が求められる

24 7.4 コミュニケーション

ISO/IEC 27001の「7.4 コミュニケーション」は、ISMSの会議体や苦情などの連絡経路や方法などを定めて、組織内・外の関係者との意思疎通を図ることを要求しています。

ISMSの運用に必要なコミュニケーションを取れるようにする

ISO/IEC 27001の「7.4 コミュニケーション」では、ISMSを運用するために必要な報告・連絡・相談（報連相）ができるように、組織内・外の関係者と**コミュニケーションを取るプロセス**を確立するように要求しています。

ISMSには、少なくともリスクアセスメント、リスク対応、セキュリティインシデント対応に関するコミュニケーションが含まれ、コミュニケーションの方法は会議体や緊急連絡ルール、掲示版、Web掲載など多岐にわたります。プロセスの確立は、次の①〜⑤が含まれるように定めます。

①何を伝えるのか【7.4 a)】
②いつ伝えるのか【7.4 b)】
③誰に伝えるのか【7.4 c)】
④誰が伝えるのか【7.4 d)】
⑤どのようなやり方で伝えるのか【7.4 e)】

■組織内・外のコミュニケーションの例

名称		主催	参加	内容	頻度
内部	経営会議	社長	役員、部門長	業務実績報告・評価、顧客要求対応など	月1回
内部	セキュリティ委員会	管理責任者	セキュリティ委員	リスク対応、インシデント報告・対応	3ヶ月に1回
内部	朝礼	××	全従業員	諸連絡、その他	適宜
外部	緊急時対応委員会	社長	役員、部門長など	緊急時の発生と対応について外部に連絡	適宜

まとめ ISMS運用のために、組織内・外の関係者と意思疎通を図る

25 7.5 文書化した情報

ISO/IEC 27001の「7.5 文書化した情報」は、ISMSを運用するための文書化した情報の作成・更新と管理について要求しています。

7.5.1 一般

ISO/IEC 27001の「7.5.1 一般」では、**規格が定める14の文書化した情報**（【7.5.1 a)】）（P.88参照）と、**組織が必要と判断した文書化した情報**（【7.5.1 b)】）をISMSに含めるように要求しています。一般的なISMS文書体系の例は、以下のとおりです。

■ ISMS文書体系の例

第1次文書：情報セキュリティ方針、ISMSマニュアル
第2次文書：適用宣言書、規定
第3次文書：手順書
第4次文書：計画書類、管理台帳など
第5次文書：記録類

文書階層の説明

第１次文書：文書体系の最高位に位置付けられ、ISO 27001規格に対応した要求事項を自社でどのような手段で行うかを規定した文書

第２次文書：ISMSマニュアルを補完する文書で、自社の部門間をまたがり、ISMSに関する管理手順を規定した文書

第３次文書：ISMSに関する具体的な作業の手順を示した文書

第４次文書：ISMSの活動を指示する内容などを示した計画書類や管理台帳など

第５次文書：ISMSの運用実績の結果が証拠となる文書（記録）

■ ISO/IEC 27001の要求事項に示された文書化した情報【7.5.1 a)】

No.	要求事項	要求される文書化した情報
1	4.3 情報セキュリティマネジメントシステムの適用範囲の決定	ISMSの適用範囲
2	5.2 方針	情報セキュリティ方針
3	6.1.2 情報セキュリティリスクアセスメント	情報セキュリティリスクアセスメントのプロセス
4	6.1.3 情報セキュリティリスク対応	情報セキュリティリスク対応のプロセス適用宣言書
5	6.2 情報セキュリティ目的及びそれを達成するための計画策定	情報セキュリティ目的
6	7.2 力量	力量の証拠
7	7.5.3 文書化した情報の管理	組織が必要と決定した外部からの文書化した情報
8	8.1 運用の計画及び管理	ISMSのプロセスが計画どおりに実施されたという確信を持つために必要な程度の文書化した情報
9	8.2 情報セキュリティリスクアセスメント	情報セキュリティリスクアセスメントの結果
10	8.3 情報セキュリティリスク対応	情報セキュリティリスク対応の結果
11	9.1 監視、測定、分析及び評価	監視及び測定の結果の証拠
12	9.2 内部監査	監査プログラム及び監査結果
13	9.3 マネジメントレビュー	マネジメントレビューの結果
14	10.1 不適合及び是正処置	不適合の性質及び取った処置、是正処置の結果

7.5.2 作成及び更新

ISO/IEC 27001の「7.5.2 作成及び更新」では、ISMSの文書化した情報を作成・更新する際に確実にしなければならないことが要求されています。

(1) 適切な識別と記述【7.5.2 a)】

ISMSの文書化した情報には、タイトルや作成日・更新日、作成者、承認者、文書番号・様式番号などを記載して識別します。

■文書番号と様式番号の付番例

文書番号の付番例

様式番号の付番例

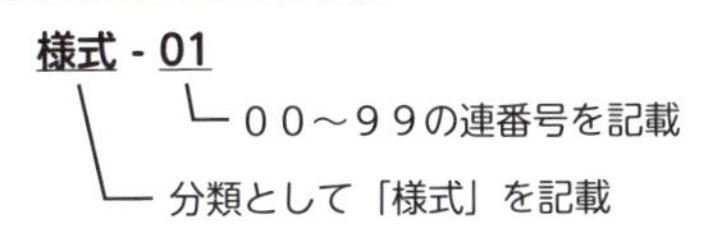

(2) 適切な形式【7.5.2 b)】

ISMSで管理する文書化した情報は、利用範囲や保管に適した形式（言語や図表など）、媒体（紙や電子データ）で作成します。

(3) 適切なレビューと承認【7.5.2 c)】

文書化した情報は、適切なレビューと承認を経て策定されます。一般的に、文書体系の階層ごとに作成・審査・承認のルールを定める組織が多い傾向にあります。

■ISMS文書体系階層別の承認ルールの例

<table>
<tr><th>階層</th><th>作成</th><th>審査</th><th>承認</th></tr>
<tr><td>第１次文書</td><td>事務局</td><td>管理責任者</td><td>トップマネジメント</td></tr>
<tr><td>第２次文書</td><td>事務局</td><td>管理責任者</td><td>管理責任者</td></tr>
<tr><td>第３次文書</td><td>各部門</td><td>主管部門長</td><td>管理責任者</td></tr>
<tr><td>第４次文書</td><td colspan="3" rowspan="2">第１次～第３次文書に規定する</td></tr>
<tr><td>第５次文書</td></tr>
</table>

7.5.3 文書化した情報の管理

ISO/IEC 27001の「7.5.3 文書化した情報の管理」では、ISMSの文書化した情報の管理が要求されています。文書化された情報は、業務手順や計画など、変更に応じて改訂される**文書**と、運用の結果や実績を証拠として残すために作成され、改訂されない**記録**に大別でき、次の①～⑥を満たすように管理方法を定めます。

①利用範囲に合わせて保管場所（キャビネットやファイルサーバのフォルダ）や適切なファイリング方法を決め、必要とする人が必要なときに使用可能な状態にする【7.5.3 a)】
②損傷や劣化・汚れのないようにファイリング方法や保管場所を定める。電子データの場合は、アクセスを制限して管理する場合もある【7.5.3 b)】
③必要とする人が必要なときに使用できる状態にするために、配布方法や保管場所へのアクセス、検索、および利用方法を定める【7.5.3 c)】
④所定の場所に所定の期間保管する【7.5.3 d)】
⑤版番号や制定・改訂日などの表示により変更を管理する【7.5.3 e)】
⑥期間を定めて保管し、予定の期間を経過したら廃棄する【7.5.3 f)】

■ 文書管理と記録管理の流れ

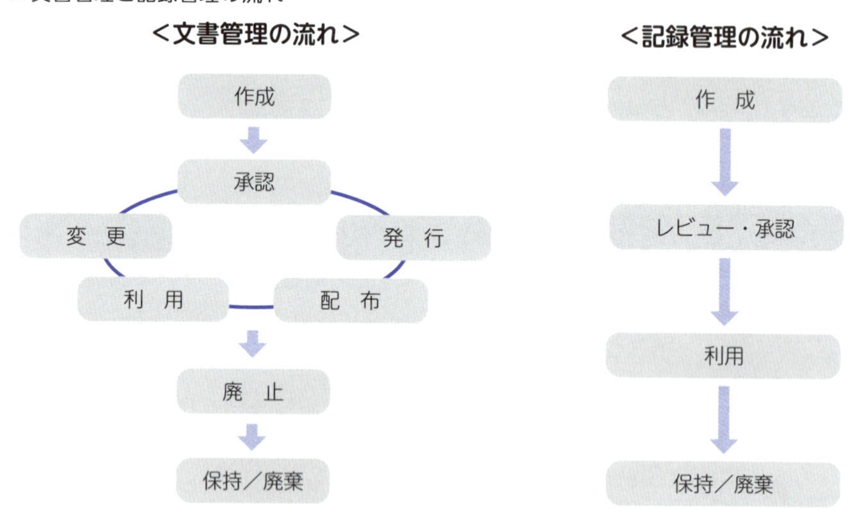

まとめ

- 文書化した情報の作成・更新・管理が求められる
- 適切な記述と形式で、適切なレビューと承認を得て策定する
- 文書化された情報は、“文書”と“記録”の2つに大別される

8章

▼

8 運用
9 パフォーマンス評価
10 改善

この章は、「8 運用」、「9 パフォーマンス評価」、「10 改善」で構成されています。PDCAサイクルのDo、Check、Actにあたる要求事項が規定されているので、きちんと内容を確認しておきましょう。

26 8 運用

ISO/IEC 27001の「8 運用」は、箇条6で計画したリスクアセスメントの実施と、決定した管理策、リスク対応計画の実施と管理、情報セキュリティ目的を達成するための計画の実施と管理を要求しています。

8.1 運用の計画及び管理

ISO/IEC 27001の「8.1 運用の計画及び管理」では、「6 計画」で決定した下記の(1)〜(4)の計画やプロセスの実施と管理、計画されたとおりに実施された証拠となる文書化した情報の保持が求められています。また、計画やプロセスの変更の管理と、外部委託したプロセスの管理も求められます。

(1) リスク及び機会に対処する活動の計画【6.1.1】

外部課題と内部課題、利害関係者の要求を考慮して決定したリスク及び機会に対処するために、ISMSのプロセスに組み込むことを決定した活動を実施し、管理します。

(2) 情報セキュリティリスクアセスメントのプロセス【6.1.2】

特定した資産にどのようなリスクが存在し、それがどの程度発生しやすいか、発生したときにどの程度の影響があるのかを明らかにし、あらかじめ定めたリスク受容基準と比較して、リスク評価するまでのプロセスを実施し、管理します。

(3) 情報セキュリティリスク対応のプロセス【6.1.3】

リスクアセスメントで管理対象となったリスクに対して、ISMSでどのような対応を実施するのかを決定して、リスクを受容できる水準に修正するプロセスを実施し、管理します。

(4) 情報セキュリティ目的及びそれを達成するための計画策定【6.2】

情報セキュリティ方針を達成するために定めた情報セキュリティ目的と、その実行計画を実施し、管理します。

■「8.1 運用の計画及び管理」の構造

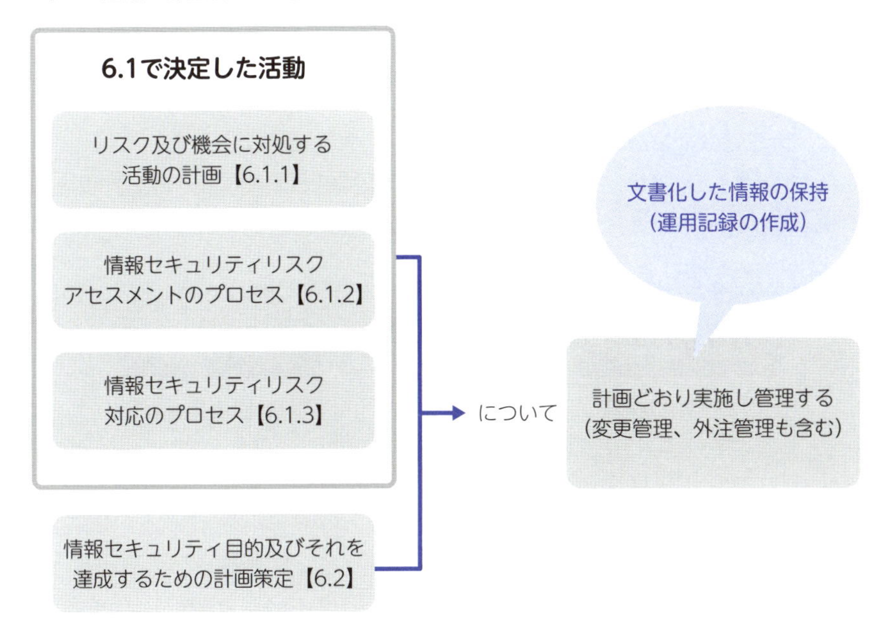

ISMSでは、情報セキュリティリスク対応でさまざまな管理策（セキュリティ対策）が導入されるため、実施時期が明確なものについては、一覧表などを作成して実施状況を確認し、管理するのがよいでしょう。

■ ISMSの運用一覧表の例

ISMS運用事項	実施責任	実施時期
<リスクアセスメント規定> 「情報資産管理台帳」の作成・見直し	各部門	毎年○月
<教育・訓練規定> 「教育訓練計画書」の作成	○○	毎年○月
<情報システム利用規定> ログインパスワードの変更	各自	毎年○月

8.2 情報セキュリティリスクアセスメント

ISO/IEC 27001の「8.2 情報セキュリティリスクアセスメント」では、箇条6の**「6.1.2 情報セキュリティリスクアセスメント」**で定めたリスクアセスメントのプロセスの実施が求められています。

リスクアセスメントのプロセスは、定期的（あらかじめ定めた間隔）に実施する場合と、適用範囲（活動範囲）の変更など、保有する資産や環境に大きな変化がある場合に実施し、記録など文書化した情報を作成します。

なお、8.2と6.1.2は同じタイトルですが、箇条8が箇条6で定めた計画を運用する役割を持つため、箇条を分けて要求事項が定められています。

■「8.2 情報セキュリティリスクアセスメント」の構造

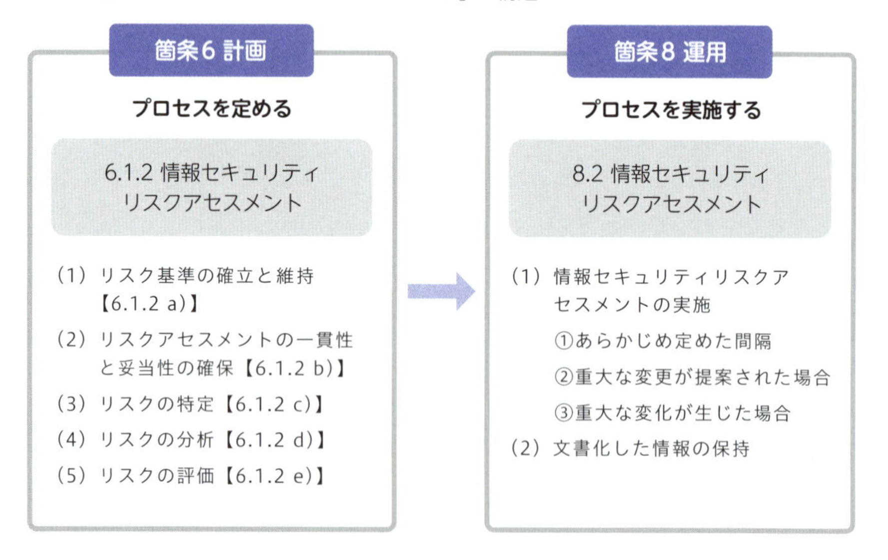

8.3 情報セキュリティリスク対応

ISO/IEC 27001の「8.3 情報セキュリティリスク対応」では、**「6.1.3 情報セキュリティリスク対応」**で作成された情報セキュリティリスク対応計画の実施が求められています。

情報セキュリティリスク対応計画は、リスクアセスメントの結果を考慮して決定されたリスク対応の選択肢（管理策の導入、リスクの共有、リスクの回避、リスクの受容など）を実施するために作成されます。「8.3 情報セキュリティリスク対応」では、作成された情報セキュリティリスク対応計画を実施し、その結果を文書化した情報として保持します。

なお、8.3と6.1.3は同じタイトルですが、箇条8が箇条6で定めた計画を運用する役割を持つため、箇条を分けて要求事項が定められています。

■「8.3 情報セキュリティリスク対応」の構造

箇条6 計画

計画（プロセス）を定める

6.1.3 情報セキュリティリスク対応

（1）リスク対応の選択肢の選定【6.1.3 a)】
（2）管理策の決定【6.1.3 b)】
（3）管理策と附属書Aの比較【6.1.3 c)】
（4）適用宣言書の作成【6.1.3 d)】
（5）リスク対応計画の策定【6.1.3 e)】
（6）残留リスクの承認【6.1.3 f)】

→

箇条8 運用

計画を実施する

8.3 情報セキュリティリスク対応

（1）情報セキュリティリスクアセスメントの選択肢（リスク低減、リスク回避、リスク移転、リスク受容など）により決定された管理策の実施
（2）文書化した情報を保持

まとめ

- プロセスの実施と管理、文書化した情報を保持する
- リスクアセスメントのプロセスは、定期的または変化が生じた場合に行う
- 情報セキュリティリスクの対応計画を実施

27 9.1 監視、測定、分析及び評価

ISO/IEC 27001の「9.1 監視、測定、分析及び評価」は、ISMSの情報セキュリティパフォーマンスと有効性を評価することを要求しています。

情報セキュリティパフォーマンスとISMSの有効性を評価する

ISO/IEC 27001の「9.1 監視、測定、分析及び評価」では、情報セキュリティパフォーマンスとISMSの有効性を評価することが求められています。これらの監視・測定・分析・評価には、次の（1）～（6）を決定する必要があります。

（1）監視・測定の対象【9.1 a)】

情報セキュリティパフォーマンスやISMSの有効性を評価するために、何を監視・測定するのかを決定します。たとえば、情報セキュリティ目的の達成状況や内部監査による管理策の順守状況の確認結果などです。

（2）監視・測定・分析・評価の方法【9.1 b)】

監視・測定の対象を分析・評価するために必要な手順（方法）を決定します。手順には次の（3）～（6）が含まれます。

（3）監視・測定の実施時期【9.1 c)】

月に1回など、監視・測定を実施する時期を決定します。

（4）監視・測定の実施者【9.1 d)】

監視・測定の実施や結果（情報）を管理する部門を決定します。

（5）監視・測定結果の分析と評価の時期【9.1 e)】

監視・測定した結果を分析・評価する方法と実施時期を決定します。

(6) 監視・測定結果の分析と評価の実施者【9.1 f)】

分析・評価された結果について、処置の必要性などを決定する責任者などを決定します。

■ 情報セキュリティパフォーマンスとISMSの有効性評価の例

評価方法 ＼ 評価項目	情報セキュリティ目的の達成状況	内部監査による管理策順守確認
a) 必要とされる監視及び測定の対象（これには、情報セキュリティプロセス及び管理策を含む）	6.2「情報セキュリティ目的及びそれを達成するための計画策定」に定める情報セキュリティ目的の達成結果	9.2「内部監査」に従い実施される内部監査結果（適合、不適合、観察事項などの内容・傾向など）
b) 妥当な結果を確実にするための監視、測定、分析及び評価の方法（該当する場合は必ず行う）	「情報セキュリティ目的管理規定」に定める	「内部監査規定」に定める
c) 監視及び測定の実施時期	「年間情報セキュリティ目的実績表」に定める	「内部監査計画書」に定める
d) 監視及び測定の実施者	報告責任部門 ISMS事務局	内部監査員 ISMS管理責任者
e) 監視及び測定の結果の、分析及び評価の時期	マネジメントレビュー	マネジメントレビュー
f) 監視及び測定の結果の、分析及び評価の実施者	トップマネジメント ISMS管理責任者	トップマネジメント

まとめ

- **監視・測定の対象を決め、評価・分析の手順を決める**
- **監視・測定の実施時期と管理部門を決める**
- **分析・評価の実施時期と判断する責任者を決める**

28 9.2 内部監査

ISO/IEC 27001の「9.2 内部監査」は、ISMSの適合性と有効性について、内部監査することを要求しています。

ISMSを内部で監査する

ISO/IEC 27001の「9.2 内部監査」では、あらかじめ定めた間隔でISMSを監査するように要求しています。

内部監査は、ISMSの強みや弱みを明らかにして改善につなげる重要な活動で、次の（1）と（2）を満たす必要があります。

（1）定期的な内部監査

ISMSでは、①～③をチェックするために定期的（あらかじめ定めた間隔）に内部監査を実施します。内部監査の頻度については、**年1回以上**で、毎年◯月に実施などと決めて実施します。

①組織が定めた活動ができているか【9.2 a)】
②ISO/IEC 27001が要求する活動ができているか【9.2 a)】
③ISMSが有効に実施され、維持されているか【9.2 b)】

（2）監査実施手順の確立と実施

①監査を実施するために、計画して実施するまでの一連の手順を定めます。手順には、プロセスの重要性や前回の監査結果を考慮に含めることも重要です【9.2 c)】。内部手順については、ISO/IEC 27007（情報セキュリティマネジメントシステム監査のための指針）を参考に検討してみてもよいでしょう。

②監査計画の作成では、監査の目的を達成するために、**監査基準**（適用規格、組織の規定、法令など）と**監査範囲**（監査されるプロセスや部門など）を明確にします【9.2 d)】。

③監査に客観性を持たせるため、監査員が自分の仕事を自分で監査しないように選定して、実施します【9.2 e)】。

④監査結果を各責任者に確実に報告します【9.2 f)】。

⑤監査の計画から実施、その後の処置に関する記録を文書化した情報として作成し、管理します【9.2 g)】。

■ 内部監査の概要

段階	実施項目	実施内容
計画・準備	監査計画の作成	・監査プログラム（監査計画書）を作成する －目的、範囲、時期、スケジュール －内部監査員の選定
	チェックリストの作成	・内部監査チェックリストを作成する
実施	初回会議	・監査チームと被監査者の挨拶、連絡事項を確認する
	情報の収集及び検証	・監査チェックリストにより監査証拠を収集し、メモを取る
	監査所見（指摘事項）	・収集した監査証拠を監査基準に照らして適合性を評価し、監査所見（指摘事項）を明らかにする
	最終会議	・被監査者へ監査所見（指摘事項）の報告、是正処置などを要求する
	監査報告書の作成	・監査チームは、監査所見（指摘事項）及び監査結論をまとめた報告書を作成し、関係者に報告する
処置	修正及び是正処置の実施	・監査所見（指摘事項）を修正し、是正処置を実施する
	処置の有効性確認	・管理責任者は、是正処置の有効性を確認する

まとめ

- **ISMSでは年1回以上の内部監査を実施**
- **監査実施においては、監査基準や監査範囲を明らかにする**
- **監査の一連の流れは文書化し、情報として記録する**

29 9.3 マネジメントレビュー

ISO/IEC 27001の「9.3 マネジメントレビュー」は、ISMSが適切、妥当かつ有効であることを確実にするために、ISMSをレビューすることを要求しています。

トップマネジメントがISMSの成果をレビューする

ISO/IEC 27001の「9.3 マネジメントレビュー」では、トップマネジメントがISMSが意図した成果を上げているかどうかを評価するために、あらかじめ定めた間隔でISMSをレビューするように要求しています。

マネジメントレビューは、**年1回以上**、定期的に実施する必要があり、次の(1)～(6)の事項をトップマネジメントに報告して、指示された改善活動などの記録(文書化した情報)を作成します。

(1) 前回までの指示事項に対する処置の進捗や結果【9.3 a)】

トップマネジメントから指示された改善活動についての進捗や結果を報告します。

(2) ISMSに関連する外部及び内部の課題の変化【9.3 b)】

事業の環境や内容の変化、法規制の改正など、組織を取り巻く課題の変化について報告します。

(3) 情報セキュリティパフォーマンスの実績報告【9.3 c)】

次の①～④の発生状況や結果・達成状況について報告します。

①不適合に対する是正処置の実施状況

②情報セキュリティパフォーマンスとISMSの有効性についての監視及び測定の結果(P.96参照)

③内部監査や取引先からの監査、ISO審査などの結果
④情報セキュリティ目的の達成や未達成の数など

(4) 利害関係者からのフィードバック【9.3 d)】

顧客などの利害関係者から、情報セキュリティについての意見や指示・要望などについて、対応した結果を報告します。

(5) リスクアセスメントの結果とリスク対応計画の状況【9.3 e)】

リスクアセスメントにより特定された新しいリスクや、リスク対応計画の進捗や結果について報告します。

(6) 継続的改善の機会【9.3 f)】

トップマネジメントに改善提案をします。とくに資源（コストや人手、時間）を要するものについては、トップマネジメントの判断が必要となります。

なお、トップマネジメントが出席する**定例会議**などを、ISMSのマネジメントレビューとする場合もあります。この場合、年に数回マネジメントレビューが実施されることになりますが、一度に（1）～（6）のすべてを報告する必要はありません。報告が必要な内容についてその都度報告し、年間をとおして報告事項が網羅されていれば問題ありません。

■ マネジメントレビューの実施

まとめ マネジメントレビューによって、ISMSの有効性を評価する

30 10 改善

ISO/IEC 27001の「10 改善」は、ISMSが継続して有効であるために、是正処置などで改善することを要求しています。

10.1 不適合及び是正処置

ISO/IEC 27001の「10.1 不適合及び是正処置」では、不適合が発生した場合に、是正処置の実施を要求しています。

不適合は**「要求事項を満たしていないこと」（JIS Q 27000:2019の3.47）**と定義され、具体的には、情報セキュリティ目的の未達成や管理策（セキュリティ対策）の不備・未実施、紛失や漏えいといったセキュリティインシデントなどが該当します。

是正処置は**「不適合の原因を除去し、再発を防止するための処置」（JIS Q 27000:2019の3.17）**と定義され、再発防止対策として次の（1）～（4）を満たしている必要があります。

（1）修正と結果への対処【10.1 a)】

不適合が発生した場合は、修正するための処置（応急処置）を実施して不適合ではない状態にし、発生した結果に対処していきます。たとえば、キャビネットの施錠忘れによる許可のない書類の持ち出しという不適合に対しては、施錠管理の状態に戻すのが修正であり、不正に持ち出された書類を回収するというのが結果への対処となります。

■ 不適合の発生から修正、是正処置の流れ

【不適合】
基準を逸脱している

→

【修正】
基準に適合する
ように直す

→

【是正処置】
不適合が再発しない
ようにする

(2) 不適合の原因調査【10.1 b)】

不適合が再発したり、他で発生したりしないようにするために、不適合がなぜ発生したのかの原因を調査して明確にし、原因を取り除く処置（是正処置）が実施できるかどうかを決定します。また、類似の不適合が他でも発生していないか、もしくは発生する可能性がないかどうかも調査します。

(3) 是正処置の実施と有効性の確認【10.1 c)、d)、e)】

不適合の持つ影響に応じて原因を取り除く処置（是正処置）を計画して、ISMSの変更などを実施し、処置実施後に同じ不適合が再発していないか、または再発の可能性が低くなったかどうかの有効性を確認します。

(4) 是正処置の実施記録の作成【10.1 f)、g)】

不適合と是正処置についての処置や結果について、文書化した情報を作成します。

■ 是正処置の様式例

<table>
<tr><td>被監査部門／プロセス名：</td><td>作成日：</td><td>報告書No.</td></tr>
<tr><td colspan="3">不適合内容</td></tr>
<tr><td colspan="3">修正処置</td></tr>
<tr><td colspan="3">原因調査（根本原因の追究、類似の問題点の調査など）</td></tr>
<tr><td colspan="3">是正処置計画

報告日：　　管理部門長サイン：　　ISMS管理責任者サイン：</td></tr>
<tr><td colspan="3">是正実施報告

報告日：　　管理部門長サイン：</td></tr>
<tr><td colspan="3">有効性確認：

報告日：　　ISMS管理責任者サイン：</td></tr>
</table>

10.2 継続的改善

ISO/IEC 27001の「10.2 継続的改善」では、「4 組織の情報」から「10 改善」までのISMSのPDCAサイクルを継続して実施し、ISMSを改善していくことを要求しています。

情報セキュリティ方針や情報セキュリティ目的の計画、リスクアセスメントやリスク対応計画に基づいて導入された管理策（セキュリティ対策）を継続して実施し、情報セキュリティパフォーマンスを向上させるために改善し続けることが重要です。

■ PDCAサイクルと継続的改善

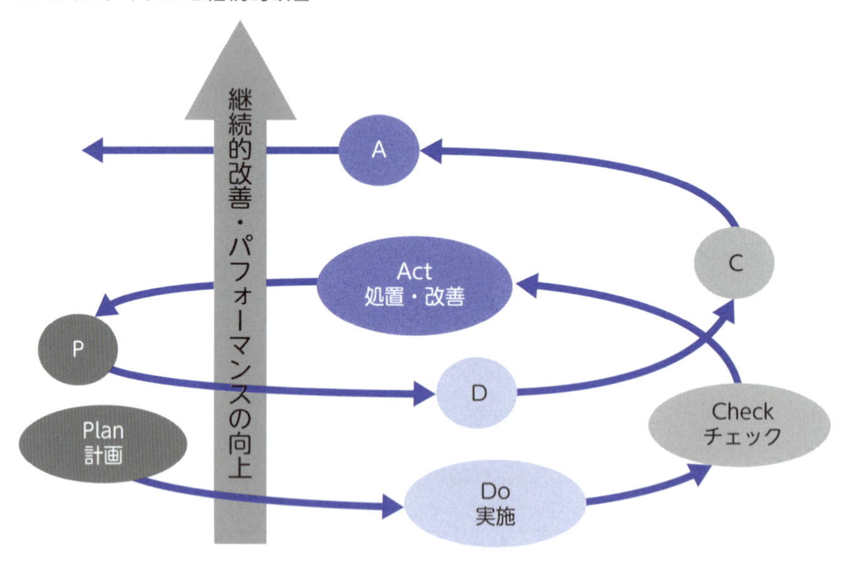

まとめ

- 不適合が発生した場合は是正処置で改善を図る
- 是正処置の実施によって、不適合再発の有効性を確認する
- ISMSの有効性を保つためには継続的な改善が必要

A.5 情報セキュリティのための方針群
A.6 情報セキュリティのための組織

9章以降は、附属書Aの管理目的及び管理策に関する内容を解説します。この章では、「A.5 情報セキュリティのための方針群」と「A.6 情報セキュリティのための組織」について解説します。

31 A.5.1 情報セキュリティのための経営陣の方向性

A.5.1「情報セキュリティのための経営陣の方向性」では、ISMSの方針のほか、個々の情報セキュリティ対策についての方針群の作成とレビューについて規定しています。

A.5.1.1 情報セキュリティのための方針群

本規格には、トップマネジメントが定める最上位に位置する**情報セキュリティ方針**（5.2）と、個々の情報セキュリティ対策の水準やあり方についての方向性を示す管理層が定める**個別方針**が含まれています。本規格は、これら方針群の作成と、従業員および関係する利害関係者への通知を求めています。

■ 情報セキュリティ方針と個別方針の関係

- 情報セキュリティ方針【5.2】
  - モバイル機器の方針【A.6.2.1】
  - アクセス制御方針【A.9.1.1】
  - 暗号による管理策の利用方針【A.10.1.1】
  - クリアデスク・クリアスクリーン方針【A.11.2.9】
  - 情報転送の方針及び手順【A.13.2.1】
  - セキュリティに配慮した開発のための方針【A.14.2.1】
  - 供給者関係のための情報セキュリティの方針【A.15.1.1】

A.5.1.2 情報セキュリティのための方針群のレビュー

情報セキュリティのための方針群を、あらかじめ定めた間隔で見直したり、重大な変化（事務所の移転や保有する資産の拡大、クラウドへの移行、タブレット端末の導入など）が発生した場合に見直したりすることを要求しています。

まとめ
- 情報セキュリティのための方針群が適切かどうかを判断する

32 A.6.1 内部組織

A.6.1「内部組織」では、情報セキュリティの実施と、運用するために必要な責任と権限の割り当て、外部の関係当局や専門組織との連絡体制に関する管理策を規定しています。

A.6.1.1 情報セキュリティの役割及び責任

A.6.1.1「情報セキュリティの役割及び責任」では、**ISMSの推進体制**（5.3）の責任と権限のほかに、情報セキュリティのための方針群によって示された個々の管理策についての役割と責任を割り当てることを要求しています。

役割と責任には次の①～③が含まれることが望ましいです。

①個々の情報や、情報を保管する資産（情報処理機器など）の保護に対する役割と責任を部門または人に割り当てる
②リスクアセスメントや情報セキュリティインシデントの対応など、各情報セキュリティプロセスについて、役割と責任を部門または人に割り当てる
③残留リスクの受容に関する責任など、組織のリスクマネジメントとISMSの方向性を両立できるようにするための経営判断について、役割と責任を部門または人に割り当てる

また、職務を委任して管理策を実施する場合であっても、責任は転移しないことを明確にすることも重要です。

A.6.1.2 職務の分離

A.6.1.2「職務の分離」では、情報セキュリティに関する責任と権限が、特定の人や部門に割り当てられることによる利益相反を避けるため、実施と監視の権限を分けるなどし、可能な範囲で職務を分離することを要求しています。

A.6.1.3 関係当局との連絡

A.6.1.3「関係当局との連絡」では、情報セキュリティについて**関係当局との連絡体制**を組織内に設けることを要求しています。

連絡体制を確立する方法としては、**緊急連絡先の一覧**などを作成して、必要となった際にすぐに利用できるようにしておきます。

関係当局との連絡の具体例には、次のようなものがあります。

①情報漏えいなどの情報セキュリティインシデントに対応するために、警察に報告する

②特定個人情報（マイナンバー）の漏えいの発生と対応について、個人情報保護委員会に報告する

③マルウェアの発見・感染、不正アクセスによる被害の発生、ソフトウェアのぜい弱性発見について、独立行政法人情報処理推進機構セキュリティセンター（IPA/ISEC）に報告する

④情報システムや情報処理機器の不具合発生について、保守委託先に連絡する

■ 関係当局との連絡例

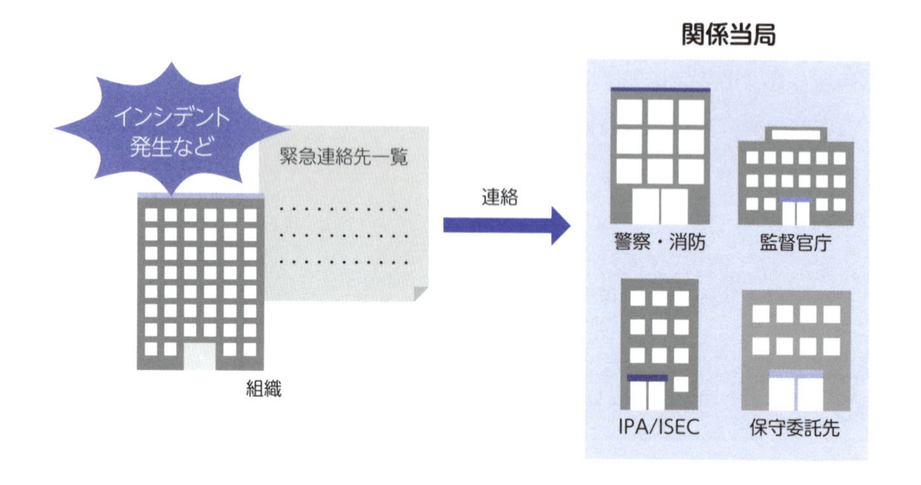

A.6.1.4 専門組織との連絡

A.6.1.4「専門組織との連絡」では、ぜい弱性情報やマルウェアについての最新情報など、必要な知識を適時に入手するために、情報セキュリティに関する研修会や会議、専門協会・団体との連絡体制を維持することが求められています。

情報セキュリティに関する情報はさまざまな専門組織が公開しているため、入手した情報をISMSの改善に活用することが重要です。

■ 専門組織の例

専門組織	入手できる情報
一般社団法人情報マネジメントシステム認定センター(ISMS-AC)	ISO/IEC 27001の審査制度全般、ファミリー規格の開発状況など
個人情報保護委員会(PPC)	個人情報保護法やマイナンバーに関する解説やガイドラインの公表
独立行政法人情報処理推進機構(IPA)	情報セキュリティ全般、マルウェア感染、不正アクセスによる被害の届出状況など
一般社団法人JPCERTコーディネーションセンター(JPCERT/CC)	情報セキュリティ上の脅威などのセキュリティ情報、ソフトウェアなどのぜい弱性と対策情報
特定非営利活動法人日本ネットワークセキュリティ協会(JNSA)	情報セキュリティに関する調査報告書など
一般社団法人日本スマートフォンセキュリティ協会(JSSEC)	スマートフォンやタブレットのセキュリティガイドラインなど
一般財団法人日本データ通信協会テレコム・アイザック推進会議(T-ISAC-J)	通信事業者向けのぜい弱性情報やガイドラインの公開など
ISO認証機関(P.21参照)	ISO/IEC 27001の審査制度全般、改訂情報など

A.6.1.5 プロジェクトマネジメントにおける情報セキュリティ

プロジェクトという用語は、ISO/IEC 27000では定義されていませんが、ISO 9000:2015（品質マネジメントシステム－基本及び用語）では、**「開始日及び終了日をもち、調整され、管理された一連の活動から成り、時間、コスト及び資源の制約を含む特定の要求事項に適合する目標を達成するために実施される特有のプロセス」(3.4.2)**と定義されています。

組織では定常的に行う活動以外に、期間やコスト、人員などに制約があるさまざまなプロジェクト（新商品の開発やサービスの企画など）が存在します。

A.6.1.5「プロジェクトマネジメントにおける情報セキュリティ」では、情報セキュリティ対策がプロジェクトマネジメントに組み込まれることを要求しており、ISO/IEC 27002（情報セキュリティ管理策の実践のための規範）では、次の①～③を要求することが望ましいとしています。

①情報セキュリティ目的をプロジェクトの目的に含める
②必要な管理策を特定するために、プロジェクトの早い段階でリスクアセスメントを実施する
③プロジェクトマネジメントの各局面において、適切な情報セキュリティ対策を実施する

■ プロジェクトマネジメントにおける情報セキュリティの実施

プロジェクトの例

新商品の開発	新規事業の立上げ	設備の導入
サービスの企画	事務所の移転	情報システムの導入

実施の手引
①情報セキュリティの目的をプロジェクトの目的に含める
②必要な管理策を特定するために、プロジェクトの早い段階でリスクアセスメントを実施する
③プロジェクトマネジメントの各局面において、適切な情報セキュリティ対策を実施する

▶ 管理策を実施する役割や責任を要員に割り当てる

33 A.6.2 モバイル機器及びテレワーキング

A.6.2「モバイル機器及びテレワーキング」では、ノートパソコンやスマートフォン、タブレット端末などのモバイル機器を組織の施設外で利用する際の管理策について規定しています。

A.6.2.1 モバイル機器の方針

A.6.2.1「モバイル機器の方針」では、組織の施設外で利用するノートパソコンやスマートフォン、タブレット端末などのモバイル機器に対する情報セキュリティリスクへの**個別方針**（対策）を定めることを要求しています。

モバイル機器は、紛失や盗難のリスク以外に、新しいサービスや技術を利用している場合も多いため、アプリケーションのアップデートやマルウェア対策が重要です。

一般的に実施を検討すべき対策として、次の（1）～（5）を紹介しますが、モバイル機器の種類によってリスクや対策が異なるので注意してください。

(1) モバイル機器の登録

モバイル機器の方針の対象となる機器を特定して、管理対象を明確にします。

■ モバイル機器の登録

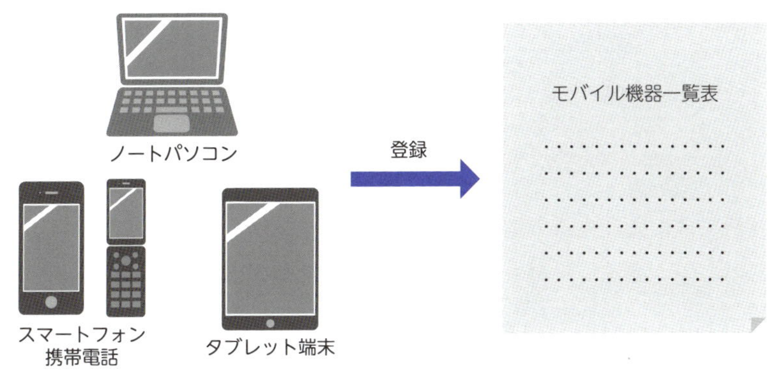

(2) 物理的な保護

機器が壊れないように物理的に保護したり、施錠できるケースに入れて持ち運ぶようにしたりして、紛失や盗難が発生した際の情報漏えいのリスクを低減させます。

(3) ソフトウェアのインストール制限

業務に必要かどうかの観点から、使用できるアプリケーションを制限し、インストール状況の届け出や監視などのルールを決定します。ただし、スマートフォンやタブレット端末にはさまざまなアプリケーションが提供されています。ぜい弱性への対応など、安全であるかどうかの評価が難しいアプリケーションも多くあります。

(4) 情報サービスへの接続制限

モバイル機器を組織のネットワークに接続したり、外部の情報サービスを利用したりする際には、盗聴対策として**VPN**（Virtual Private Network：仮想プライベートネットワーク）などで通信を暗号化します。また、アクセスできる情報や、利用できるサービスを制限することも有効です。

■ モバイル機器との通信の暗号化

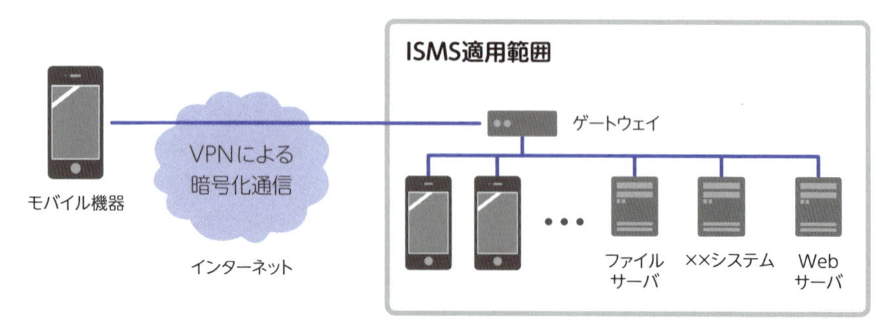

(5) 遠隔操作による機器の無効化、データの消去またはロック

紛失や盗難が発生した場合に、遠隔操作によりモバイル機器を無効化したり、データ消去などができる対策を導入したりして情報漏えいのリスクを低減させます。

A.6.2.2 テレワーキング

テレワークとは、「tele = 離れた所」と「work = 働く」を合わせた造語で、**情報通信技術**（ICT：Information and Communication Technology）を活用した多様な就労・作業形態を指し、働く場所によって**在宅勤務**、**モバイルワーク**、**サテライトオフィス勤務**の3つに分類されます。

■ テレワーキングの分類

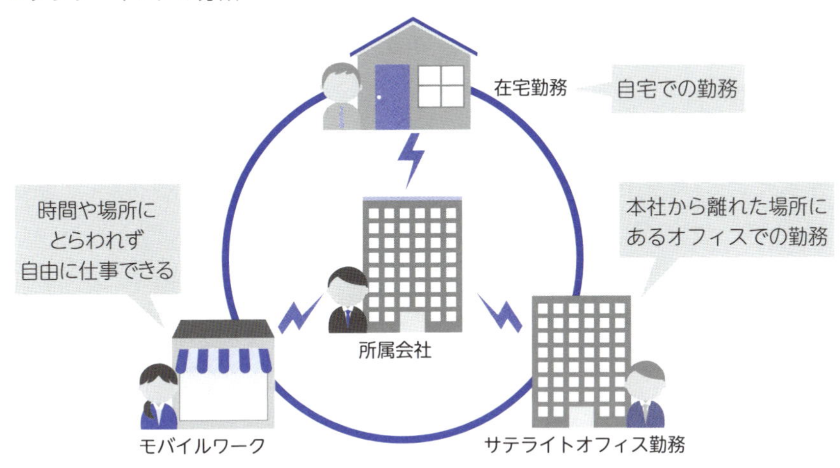

A.6.2.2「テレワーキング」のセキュリティについては、総務省が2018年4月に公表した**「テレワークセキュリティガイドライン第4版」**で定められている次の（1）～（6）を参考にするとよいでしょう。

（1）情報セキュリティ保全対策の大枠

・テレワークのセキュリティ個別方針を定めて技術的対策を講じるとともに、定期的に実施状況を監査する
・情報の重要度に応じたレベル分けを行い、アクセス制御、暗号化の要否や印刷可否などを決定し、設定する
・テレワーク勤務者に、定期的に教育・啓発活動を実施する
・情報セキュリティ事故の発生に備えて連絡体制を整えるとともに、事故時の対応について訓練を実施する

(2) マルウェアに対する対策

・OSやブラウザ（拡張機能を含む）のアップデートが未実施の状態で社外のWebサイトにはアクセスしない
・アプリケーションをインストールする際に問題がないことを確認する
・ウイルス対策ソフトの定義ファイルを最新の状態に保つ
・OSやソフトウェアはアップデートを行い最新の状態に保つ
・不審なメールが迷惑メールとして分類されるように設定する

(3) 端末の紛失・盗難に対する対策

・情報資産を持ち出すとき、その原本を安全な場所に保存しておく
・機密性が求められる電子データを極力管理する必要がないように業務の方法を工夫する。やむを得ない場合は、必ず暗号化して保存するとともに、端末や電子データの入った記録媒体（USBメモリなど）の盗難に留意する

(4) 重要情報の盗聴に対する対策

・機密性が求められる電子データを送信する際には必ず暗号化する

(5) 不正アクセスに対する対策

・社外から社内システムへアクセスする際の利用者認証について、技術的基準を定めて運用する
・社内システムへのアクセス用のパスワードとして、強度の低いものを用いることができないようにする

(6) 外部サービス利用に対する対策

・クラウドサービスの利用ルールを整備し、情報漏えいにつながるおそれのある利用方法を禁止する
・SNSに関する利用ルールやガイドラインを整備する

モバイル機器に対するセキュリティ対策を実施する

10章

A.7 人的資源のセキュリティ

「A.7 人的資源のセキュリティ」は、従業員および契約相手に対する情報セキュリティ事項について定められています。「A.7.1 雇用前」、「A.7.2 雇用期間中」、「A.7.3 雇用の終了及び変更」で構成されています。

34 A.7.1 雇用前

A.7.1「雇用前」では、従業員を雇用する場合や契約相手と契約関係を結ぶ前に、組織の重要な情報を不正利用しない人物かどうかを確認することや、情報セキュリティに関する責任について規定しています。

A.7.1.1 選考

従業員および契約相手を選定する際には、職責や情報セキュリティに関する責任を果たせるかどうかを判断するために、履歴書や推薦状、資格証、公的証明書などを確認する場合があるため、個人情報の保護や雇用に関する法令を考慮する必要があります。

A.7.1.1「選考」では、これら法的責任の順守と、利用者を限定して不正に使用しないなどの**組織内部のリスクについて必要な対策を取る**ように要求しています。

■ 選考時の法令などの考慮

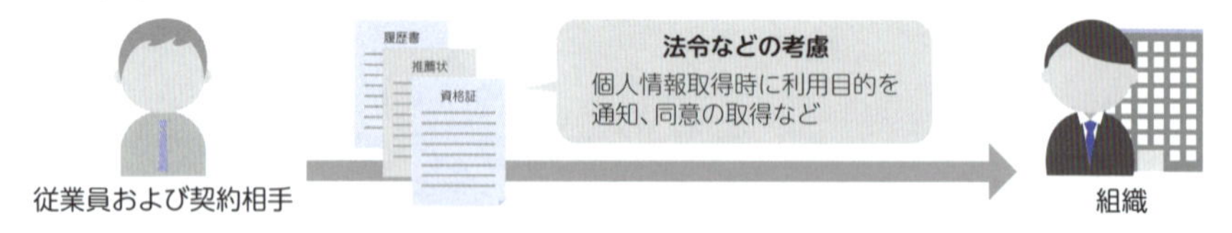

A.7.1.2 雇用条件

A.7.1.2「雇用条件」では、従業員および契約相手との契約書に、守秘義務や著作権などの法的な責任や権利など、情報セキュリティに関する双方の責任を明確にするように要求しています。

まとめ ▶ 不正行為を低減するため、そのリスクを考慮した対策が必要

35 A.7.2 雇用期間中

A.7.2「雇用期間中」では、選考の結果採用された従業員および契約相手に対して、雇用の全期間において情報セキュリティの責任を認識させ、責任の遂行を確実にすることを規定しています。

A.7.2.1 経営陣の責任

A.7.2.1「経営陣の責任」では、経営陣がすべての従業員および契約相手に対して、**組織の確立された方針及び手順に従った情報セキュリティの適用**を実施・順守させることを要求しています。経営陣自らが、情報セキュリティの継続的なマネジメントの実施に責任を持つことが、この管理策の基礎となります。

実施事項としては、従業員および契約相手に、組織のISMSに従うことを契約書類などで要求し、同意を得ることと、定期的な教育・訓練を実施することを基本としています。

その他、秘密情報や情報システムへのアクセスが許可される前に、セキュリティの役割・責任を適切に伝えたり、違反を発見した場合の匿名の報告経路を決めて運用したりすることも有効です。

なお、匿名の報告経路については、報告した従業員に不利益が生じないように、保護や制度の周知などを考慮する必要があります。

■経営陣の責任イメージ

経営陣

ISMSについての教育・訓練

秘密情報アクセス前の責任説明

情報システムアクセス前の責任説明

ISMSに従うことへの同意

従業員および契約相手

A.7.2.2 情報セキュリティの意識向上、教育及び訓練

A.7.2.2「情報セキュリティの意識向上、教育及び訓練」では、従業員と関係する契約相手に対して、情報セキュリティに関する各自の責任と、責任を果たす方法について認識させることを確実にし、向上させること、そしてそのために必要な教育・訓練を実施することを要求しています。

ISO/IEC 27002（情報セキュリティ管理策の実践のための規範）では、**定期的な教育・訓練を実施**することが望ましいと規定されています。たとえば、セキュリティインシデントの報告やパスワード設定、マルウェア対策、クリアデスクなど、基本的なセキュリティ対策が挙げられます。

また、情報セキュリティの意識向上の教育・訓練では、「何を」「どのように」だけでなく、「なぜ」実施する必要があるのかを理解させることが重要だとしています。

本規格に関連する要求事項として、**7.3「認識」**（P.85参照）が挙げられますが、情報セキュリティの意識向上の方法として教育・訓練を実施するように要求している点では、本規格がより具体的なものとなっています。教育・訓練の方法については、**7.2「力量」**（P.81参照）に従って実施し、有効性を評価して、力量や教育・訓練の実施記録を作成することになります。

■ 情報セキュリティの意識向上と教育・訓練

知識や技術の習得

情報セキュリティの意識向上

7.2「力量」で定めた手順に従った、定期的な教育・訓練

(例) セキュリティインシデントの報告、パスワード設定、マルウェア対策、クリアデスクなど

従業員および契約相手

A.7.2.3 懲戒手続

A.7.2.3「懲戒手続」では、情報セキュリティ違反を犯した従業員に対して懲戒がともなうこと、その処理は正式な懲戒手続きによるものであると規定されています。なお、**この管理策は従業員のみが対象となります**。

懲戒手続では、次の要件を満たすことが重要です。

①疑いのある従業員に対して正確かつ公平な取り扱いを確実にすること
②セキュリティ要求事項に従わない場合に取る処置があらかじめ従業員に周知されていること
③懲戒や法的処置のために証拠を取り扱う場合は、保全されていること

■「A.7.2.3 懲戒手続」の対象範囲

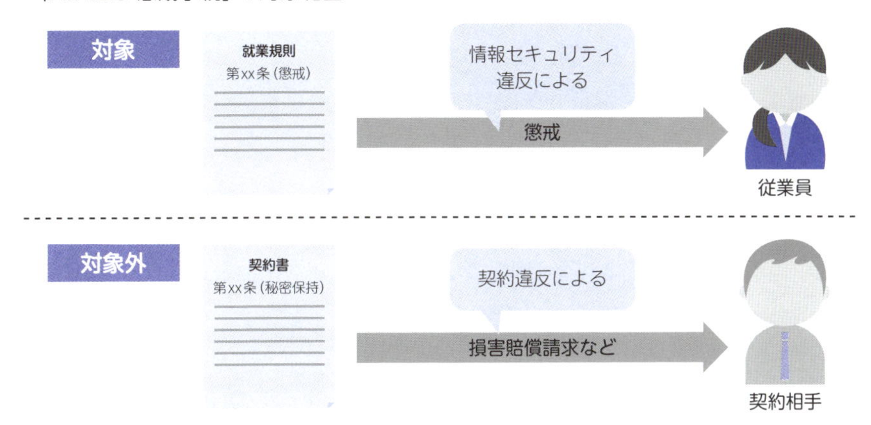

まとめ

- 全従業員と契約相手に情報セキュリティを実施する
- 情報セキュリティに対する意識向上のため、教育・訓練を実施する
- 違反を犯した場合は正式な手続きにのっとって懲戒手続を行う

36 A.7.3 雇用の終了及び変更

A.7.3「雇用の終了及び変更」では、従業員が異動・退職したり、契約相手との契約が終了したりする際に、組織の情報セキュリティに好ましくない影響を与えないための対策を取ることについて規定しています。

A.7.3.1 雇用の終了又は変更に関する責任

雇用の終了又は変更とは、**従業員の場合は人事異動、退職、解雇**が該当し、**契約相手の場合は契約変更と終了**が該当します。

A.7.3.1「雇用の終了又は変更に関する責任」では、雇用の終了や変更にともなう組織と、従業員および契約相手の義務(やるべきこと・してはならないこと)を明確にして、お互いに責任を持つことを要求しています。

具体的には、組織は雇用の終了・変更時に、貸与している資産（パソコン、IDカード、情報システムへのアクセス権限など）を回収・消去し、個人情報などを管理する責任があります。従業員および契約相手は、貸与された資産の返却や、雇用が終了しても一定期間守られる守秘義務の継続などを遂行します。

■ 雇用の終了・変更にともなう義務と責任

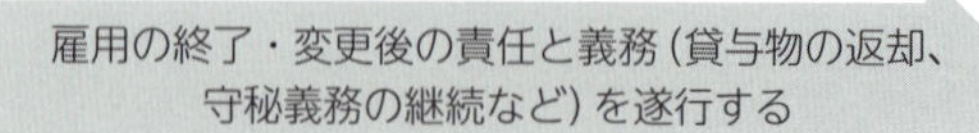

まとめ

- 雇用の終了・変更後もセキュリティに関する義務は有効

A.8 資産の管理

「A.8 資産の管理」では、資産を利用できる範囲や権限など、資産の管理に関する要求事項が定められています。「A.8.1 資産に対する責任」、「A.8.2 情報分類」、「A.8.3 媒体の取扱い」で構成されています。

37 A.8.1 資産に対する責任

A.8.1「資産に対する責任」では、ISMSで管理する資産やその資産の管理責任者の特定、資産の利用が可能な利用者の範囲の決定、雇用や契約終了時の資産の返却について規定されています。

A.8.1.1 資産目録

A.8.1.1「資産目録」では、ISMSで管理する資産と情報処理設備を特定し、目録を作成して維持することを求めています。

特定する資産は、次の①〜④のようなものが対象となりますが、情報セキュリティリスクアセスメント(6.1.2)で特定する資産と共通するため、リスクアセスメントで作成した**資産台帳(情報資産管理台帳)**を、A.8.1.1で要求される資産目録としても問題ありません。

また、情報処理機器については組織の固定資産台帳を参照し、資産台帳を合わせて資産目録としてもよいでしょう。

①情報(紙媒体/電子媒体)

紙の資料/データファイル(例:○○管理用、××会議資料)、電子メールデータ、データベース(例:基幹システム登録情報)など

②情報処理機器

パソコン、サーバ機器、携帯電話・スマートフォン、タブレット端末、外付けハードディスク、USBメモリ、CD・DVD、複合機、ルーターなど

③システム/サービス

基幹システム、会計システム、スケジュール管理システム、通信サービスなど

④ソフトウェア

パソコンのOSやアプリケーションソフトウェア、業務用ソフトウェア、ライセンス情報など

A.8.1.2 資産の管理責任

A.8.1.2「資産の管理責任」では、A.8.1.1「資産目録」で特定された資産の管理責任者を明確にすることを求めています。

資産の管理責任者は、資産のライフサイクル全体を管理する責任を与えられた個人（または部門）で、多くの場合、情報セキュリティリスクアセスメント（6.1.2）で要求される**リスク所有者（情報セキュリティのリスクを運用管理することについて、責任及び権限をもつ人又は主体）**と、本管理策の**管理責任者**は同じになります。

資産の管理責任については、サーバ機器などを管理しているシステム管理部門に管理責任があるように思われがちですが、たとえば、ファイルサーバに保管されたデータの管理責任は利用部門にあります。システム管理部門はサーバ機器の保守やデータのバックアップを行うなど、資産によって管理責任の範囲が異なります。

■ 資産台帳（情報資産管理台帳）の例

分類	資産	リスク所有者（管理責任者）	利用者	媒体	場所
情報	○○受託契約書	営業部長	営業部	紙	キャビネット
情報	注文書	営業部長	営業部	紙	営業デスク
情報	受注一覧表	営業部長	営業部	データ	ファイルサーバ
情報	受注データ	営業部長	営業部	基幹システム	クラウド
機器	××サーバ	システム部長	システム部	機器現物	サーバ室
システム	基幹システム	システム部長	全部門	ソフトウェア	××サーバ
システム	勤怠管理システム	総務部長	全部門	ソフトウェア	○○サーバ

A.8.1.3 資産利用の許容範囲

A.8.1.3「資産利用の許容範囲」では、ISMSで管理する資産と情報処理設備の利用範囲に関する規則を明確にし、それを文書化して実施することを要求しています。

文書化については、A.8.1.1「資産目録」で取り上げた資産台帳（情報資産管理台帳）に**利用範囲（またはアクセス範囲）**の欄を設けて明確にする方法もあれば、下表のように部門の機密区分ごとに利用範囲を定める方法もあります。

利用範囲を定める際は、資産に対する機密性、完全性、可用性の評価に見合った取り扱いとなるように注意する必要があります。

■ 利用範囲の文書化の例

部門／機密区分（資産例）	職位	役員	部長	課長	社員	その他
営業部	極秘（顧客の極秘情報など）	○	△	×	×	−
	秘（顧客リスト、図面など）	○	○	△	○	−
	社外秘（見積書、注文書など）	○	○	○	○	−
製造部	極秘（○○製造技術など）	○	○	△	△	×
	秘（図面など）	○	○	○	○	△
	社外秘（受注情報、生産計画など）	○	○	○	○	○
総務部	極秘（マイナンバーなど）	○	○	×	×	−
	秘（人事考課、給与・賞与など）	○	○	△	×	−
	社外秘（掲示板情報など）	○	○	○	○	−

○：利用可　△：許可を得た場合のみ利用可　×：利用不可　−：該当なし

A.8.1.4 資産の返却

A.8.1.4「資産の返却」では、従業員の退職や外部の利用者との契約が終了する場合に、組織の資産をすべて返却することを求めています。

資産には、パソコンなどの有形のものだけでなく、ソフトウェアなどの無形のものも含まれる場合があります。また、知識として機密性の高い情報を保有しているのであれば、**文書化して引き継ぎを要求したり、退職や契約終了後の秘密保持について明確に要求したりする**必要があります。

ISO/IEC 27002（情報セキュリティ管理策の実践のための規範）では、組織の秘密情報を不正に持ち出す事故の対策として、雇用の終了の予告期間中は、許可なく複製することがないよう組織が管理することが望ましいとしています。

■ 返却する資産の例

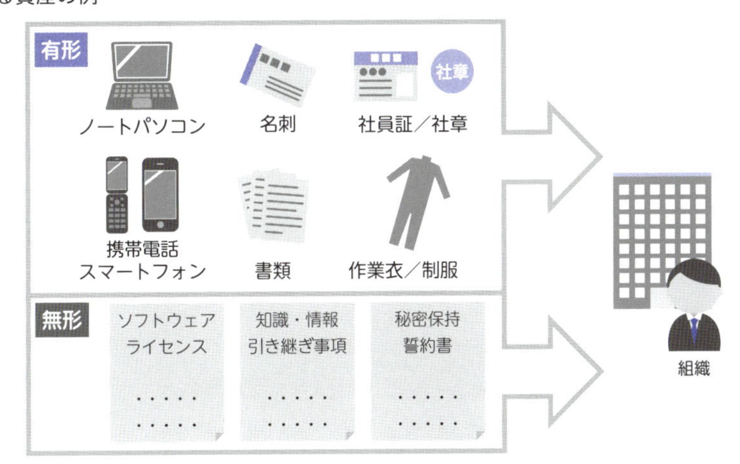

まとめ

- 資産を特定し、目録を作成して維持し続ける
- 資産の許容範囲は明確にして文書化する
- 資産の流出や不正利用を防ぐために徹底した管理を行う

38 A.8.2 情報分類

A.8.2「情報分類」では、情報の重要性に応じて適切なレベルで保護することを確実にするために、重要度に応じた分類や識別、情報の取り扱い方法について規定しています。

A.8.2.1 情報の分類

A.8.2.1「情報の分類」では、情報の価値や重要性、無許可の開示や変更に対して、情報を分類することを要求しています。これにより、情報を取り扱う担当者に対して、どのような取り扱いをして保護するのかを簡潔に示すことができます。

情報の分類は、「公開」「社外秘」「秘」「極秘」など、**情報セキュリティリスクアセスメント（6.1.2）で定められている機密性の価値基準と整合し、情報の分類を定める**のが一般的です。

情報は、ある期間を過ぎると公開情報となる「時限秘」となる場合があります。ただし、公開情報であっても完全性の高い情報であれば、その取り扱いについて保護する必要性があるため、機密性だけでなく、完全性や可用性を考慮した分類にすることが望ましいとされています。

■ 情報の分類例

分類	評価基準
極秘	「秘」以上に取り扱いに注意を要するもの
秘	担当者および秘密保持契約締結先にしか見せてはならない／使用させない
社外秘	従業員（グループ会社含む）にしか見せてはならない／使用させない
公開	一般に公開している情報

A.8.2.2 情報のラベル付け

A.8.2.2「情報のラベル付け」では、A.8.2.1「情報の分類」で定めた分類体系に従って、紙やUSBメモリなどの媒体に物理的にラベルを付けたり、ファイルやデータベースなどの電子データにラベルを付けたりといった、ラベル付けの方法の決定と実施について要求しています。

具体的なラベル付けの方法としては、書類に「社外秘」や「秘」などを示す方法がありますが、「秘」についてのみファイルの背表紙に表示するなど、作業負荷を減らすように考慮する必要があります。

ラベル付けの目的は、取り扱う人がその情報をどのように取り扱うべきなのかをひと目でわかるようにするためなので、ファイル名で分類が想起できるのであれば、分類名の表示にこだわる必要はありません。従業員にとって情報の取り扱いがわかりやすいことと、書類や電子データの整理・整頓ができることが、ラベル付けの基礎となります。

なお、分類を示すことにより、悪意のある者にとって攻撃対象として認識されやすくなってしまう場合もあるので注意が必要です。

■ 情報のラベル付けのイメージ

A.8.2.3 資産の取扱い

A.8.2.3「資産の取扱い」は、A.8.2.1「情報の分類」で定めた分類体系に従って、資産の取り扱いに関する手順を決定し、運用することを要求しています。

情報の取り扱いは、P.129の取り扱いルールの例のように、**保管から廃棄に至る場面ごとに定める**と、取り扱い方が明確になります。

対策のレベルは、組織の個別事情に合わせて決定すればよいため、例として挙げている暗号化やサーバ内のフォルダへのアクセス制御などは必須の対策ではありません。ただし、データごとにパスワードを設定するなど、それらに代わる対策を検討して実施する必要はあります。

また、法規制に基づく安全管理を要求されるマイナンバーなどについては、個別の取り扱いルールを定めたほうが運用しやすい場合もあります。

ISO/IEC 27002（情報セキュリティ管理策の実践のための規範）では、次の①～⑤を考慮し、資産の分類に従った取り扱い、処理、保管、伝達するための手順を作成することが望ましいとされています。

①分類に応じた保護の要求に対応するアクセス制限をする
②資産が認可された受領者について、記録を維持する
③情報の一時的または恒久的な複製は、情報の原本と同等のレベルで保護する
④IT資産は、製造業者の仕様に従って保管する
⑤媒体のすべての複製には、認可された受領者の注意を引くように明確な印を付ける

なお、情報共有や委託などで他社が組織の情報を取り扱う場合、同等の取り扱いがなされるとは限りません。そのため、取り扱いについてはあらかじめ合意を得ることが望ましいとされています。

■ 紙・記憶媒体の取り扱いルールの例

<table>
<tr><th>分類</th><th>保管</th><th>持ち出し</th><th>コピー</th><th>廃棄</th></tr>
<tr><td>極秘</td><td>鍵付き収容場所に保管し、常時施錠する</td><td>業務上必要な場合は上長の許可を得て持ち出し、必ず携行する。FAX送信は禁止</td><td>業務上必要な場合は上長の許可を得る</td><td>シュレッダー、または契約業者による安全な廃棄処理を行う。裏紙利用は不可（紙のみ）</td></tr>
<tr><td>秘</td><td>鍵付き収容場所に保管し、関係者不在時は施錠する</td><td>持ち出し時は必ず携行する。業務上必要な場合は上長の許可を得てFAX送信する</td><td>業務手続きを除き不可</td><td>シュレッダー、または契約業者による安全な廃棄処理を行う</td></tr>
<tr><td>社外秘</td><td>事務所内に保管する</td><td>持ち出し時は必ず携行する</td><td rowspan="2">従業員の判断で可能</td><td rowspan="2">通常の廃棄処理を行う</td></tr>
<tr><td>公開</td><td colspan="2">制限なし</td></tr>
</table>

■ 電子データの取り扱いルールの例

<table>
<tr><th>分類</th><th>保管</th><th>持ち出し</th><th>コピー</th><th>廃棄</th></tr>
<tr><td>極秘</td><td>アクセス制限のあるファイルサーバ内のフォルダまたは専用のパソコンに保管する</td><td>業務上必要な場合は上長の許可を得て、添付ファイルは暗号化して送信する</td><td>業務上必要な場合は上長の許可を得てコピーする</td><td rowspan="4">機器の廃棄時に記憶内容を完全消去する</td></tr>
<tr><td>秘</td><td>アクセス制限のあるファイルサーバ内のフォルダに保管する</td><td>添付ファイルはパスワードを設定して送信する</td><td>業務手続きを除き不可</td></tr>
<tr><td>社外秘</td><td colspan="2">制限なし</td><td rowspan="2">従業員の判断で可能</td></tr>
<tr><td>公開</td><td colspan="2">制限なし</td></tr>
</table>

まとめ

- **取り扱いに注意を要する情報はレベル分けして保護する**
- **情報の取り扱い方がわかるようにラベル付けを行う**
- **場面ごとにルールを定めて情報の取り扱い方を明確にする**

39 A.8.3 媒体の取扱い

A.8.3「媒体の取扱い」では、媒体（ハードディスクやUSBメモリなど）に保存された情報の意図しない開示や変更、消去、破壊を防止するため、媒体の管理や処分、輸送に関する管理策について規定しています。

A.8.3.1 取外し可能な媒体の管理

取外し可能な媒体とは、USBメモリやDVDなどのメディアや外付けハードディスクなどが該当します。

A.8.3.1「取外し可能な媒体の管理」では、それらの取外し可能な媒体について特定し、**取り扱い手順を定めて運用**することを要求しています。

取外し可能な媒体の取り扱い手順は、次の①〜⑦の手順を明確にすることが望ましいとされています。

①管理対象となる媒体を特定して、利用範囲や保管場所などを明確にした台帳などを作成し、変更があれば更新する
②認可されていない媒体の利用を禁止する
③外部への媒体の持ち出しを管理する
④重要な情報が保存されている媒体は暗号化などを行う
⑤情報が保存されている媒体の安全な保管方法を明確にする
⑥媒体の安全な処分方法を決めて安全に処分する。また、必要に応じて記録も残す
⑦媒体の処分を委託する場合は、適切な管理と処理ができる委託先を選定する

■取外し可能な主な媒体

メディア

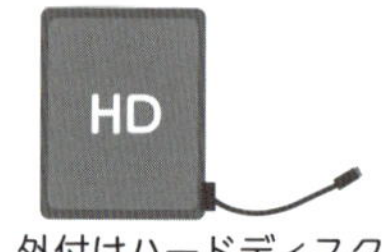

外付けハードディスク

A.8.3.2 媒体の処分

A.8.3.2「媒体の処分」では、セキュリティを保った媒体の安全な処分に関する方法を定めて運用することを要求しています。

処分する媒体には、取外し可能な媒体以外に、パソコンや内蔵ハードディスク、紙媒体などがあります。そのため、情報が含まれるものすべてを対象にした処分方法を定めておくとよいでしょう。

具体的な方法としては、ハードディスク（パソコンなどの情報処理機器を含む）や記憶媒体であれば**破壊や磁気消去**、紙媒体であれば**シュレッダーや専門業者による安全な廃棄処理**が代表的な方法となります。

媒体を処分した際の記録は、組織の作業負荷を考慮して作成するかどうかを決定することになりますが、産業廃棄物管理票制度によるマニフェストや専門業者が発行する伝票などのように、記録が残る場合もあります。重要な情報の処分については、記録が残る廃棄処分方法を定めれば、組織内の作業負荷は軽減できます。

■ 媒体処分のイメージ

ハードディスクや記憶媒体の場合

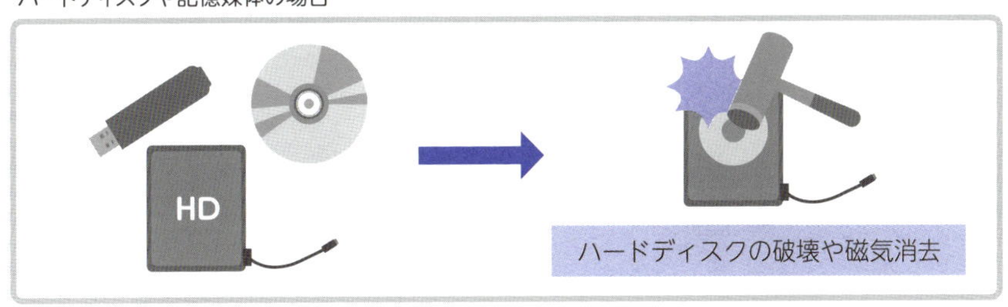

紙媒体の場合

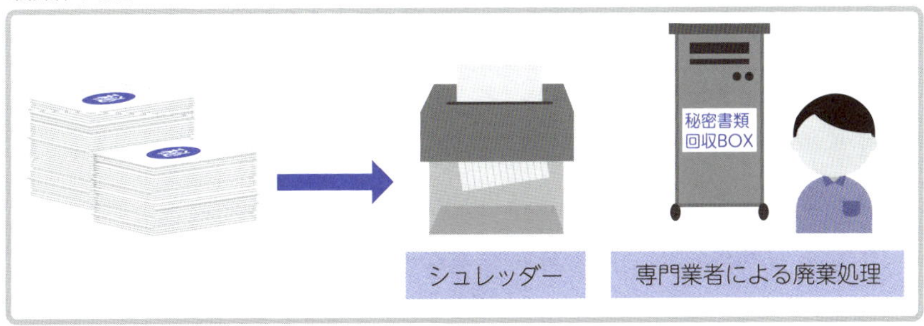

A.8.3.3 物理的媒体の輸送

A.8.3.3「物理的媒体の輸送」では、情報を格納した媒体を輸送する途中の、認可されていないアクセスや不正な使用、破壊から保護する管理策を定めることを要求しています。

物理的媒体の輸送では、次の①～⑥を考慮することが望ましいとされています。

①信頼できる輸送者または運送業者を選定する
②選定された輸送者または運送業者であるかを確認する手順を導入する
③輸送途中に生じるかもしれない物理的な破損から保護するために、媒体の仕様に合った十分な強度の梱包をする。かつ、輸送者または運送業者に取り扱いについて指示する
④施錠できるケースで輸送する
⑤開梱したかどうかを識別できるシールを梱包に使用する
⑥重要な情報については、手渡し以外を禁止とする

■ 物理的媒体の輸送イメージ

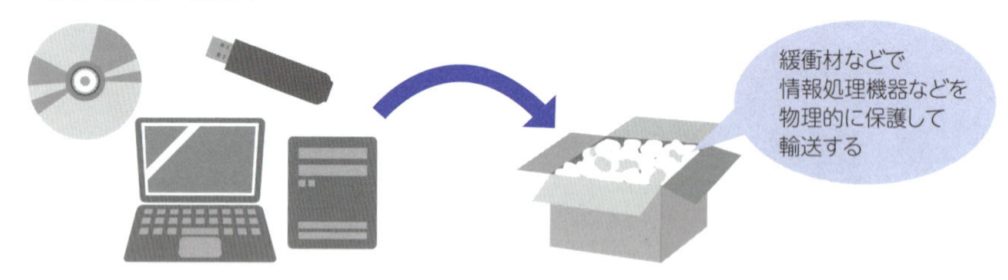

まとめ

- 各媒体の取り扱い手順を明確にして運用する
- 各媒体はセキュリティを維持しながら安全に処分する
- 媒体の輸送中に情報を保護するために安全な管理策を定める

A.9 アクセス制御
A.10 暗号

「A.9 アクセス制御」は、情報を保護するためのアクセス制御に関する要求事項が定められており、4つの管理目的で構成されています。
「A.10 暗号」は、暗号の利用に関する要求事項が定められており、1つの管理目的で構成されています。

40 A.9.1 アクセス制御に対する業務上の要求事項

A.9.1「アクセス制御に対する業務上の要求事項」では、資産や情報処理施設へのアクセスについて、情報の分類や資産価値（機密性・完全性・可用性）に見合った取り扱いをするために制限するよう規定しています。

A.9.1.1 アクセス制御方針

A.9.1.1「アクセス制御方針」では、担当する業務や職責によって、**need to know（知る必要性）**と**need to use（使用する必要性）**の原則に従い、情報や情報処理機器へのアクセス制御方針を決定して文書化することを要求しています。

アクセス制御方針の文書化については、情報セキュリティリスクアセスメント（6.1.2）で作成する資産台帳（情報資産管理台帳）の利用範囲（またはアクセス範囲）に従って、情報システムへの論理的なアクセスや、建屋や部屋などへの物理的なアクセスを設定するように規定した文書や設定情報をアクセス制御方針とすることができます。また、**A.8.1.3「資産利用の許容範囲」**で解説した、部門や情報の機密区分ごとに利用範囲を定めたものや、情報システムのアクセス権限に関する設定情報をアクセス制御方針とすることも可能です。

■ サーバへのアクセス制御方針の例

サーバ名	資産／フォルダ	権限	利用者
○○サーバ	○○管理フォルダ	◎	○○部長、情報システム担当者
		○	管理職
		△	管理職に許可された従業員

◎：フルコントロール　○：変更、書き込み可　△：読み取り可

A.9.1.2 ネットワーク及びネットワークサービスへのアクセス

A.9.1.2「ネットワーク及びネットワークサービスへのアクセス」では、外部からの侵入対策だけでなく、利用者に対しても**A.9.1.1「アクセス制御方針」**に基づく制御ができるように、組織内であっても利用できるネットワークの範囲を制限したり、ネットワークを利用した情報システム（サービス）の利用を制限したりするネットワークを構築して、維持していくことを求めています。

ネットワークやネットワークサービスへのアクセスは、次の①〜④を明確にするとよいでしょう。

①管理するネットワークやサービスを明確にして、アクセスを保護するための運用管理手順を明確にする
②ネットワークへのアクセス手段（VPNや無線を含む）や暗号化など、用いる管理策を明確にする
③安全なネットワークへの接続やサービスへのアクセス認可手順（認証方法）を採用する
④ネットワークやサービス利用の監視方法を明確にする

■ ネットワーク及びネットワークサービスの管理策のイメージ図

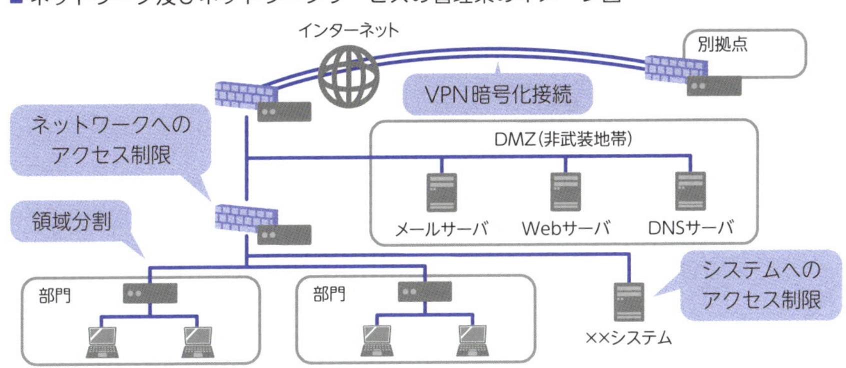

まとめ ▶ 所有する資産やネットワークに対してアクセスを制限する

41 A.9.2 利用者アクセスの管理

A.9.2「利用者アクセスの管理」では、情報システムへ認可された利用者のアクセスを確実にするために、利用者IDの登録や削除、アクセス権の修正などについて規定しています。

A.9.2.1 利用者登録及び登録削除

A.9.2.1「利用者登録及び登録削除」では、情報システムやネットワークへのアクセス権の割り当てを可能にするために、**利用者IDの登録と削除**について、正式な手順を定めることを求めています。

利用者IDを管理する手順は、次の①〜⑤を明確にするとよいでしょう。

①一意な利用者IDで利用者の行動が対応付けできる
②共有IDの利用は業務上または運用上の利用で必要な場合に限定する
③不要な利用者IDは、即座に無効化または削除する
④定期的に利用者IDを見直し、適宜、無効化または削除する
⑤重複する利用者IDを発行しないことを確実にする

■ 利用者登録・見直しフローの例

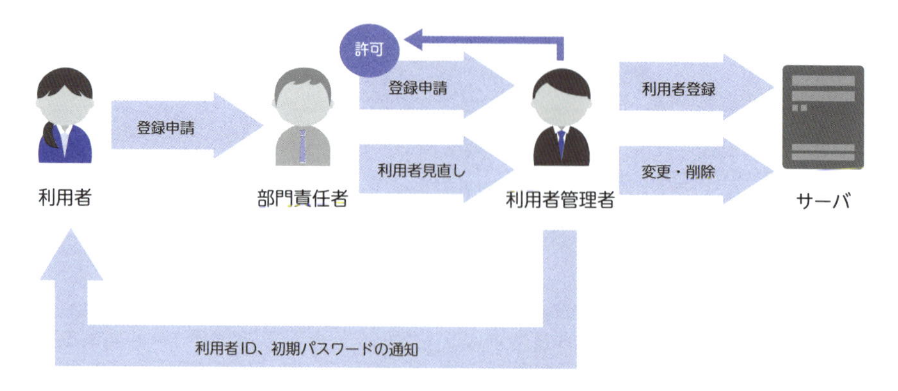

A.9.2.2 利用者アクセスの提供（provisioning）

provisioningとは、設備やシステム、アプリケーションに新たな利用申請や需要が生じた際に、資源の割り当てやアカウントの作成・削除などの設定を行い、利用や運用を可能な状態にすることです。

A.9.2.2「利用者アクセスの提供」では、**A.9.2.1「利用者登録及び登録削除」**で定めた手順に従って利用者を登録し、必要な範囲で情報システムやネットワークサービスを利用できるようにすることを求めています。

利用者へのアクセス権を提供する手順は、次の①〜④が含まれていることが望ましいです。

①情報システムやサービス利用（情報の範囲、参照・更新・追加・削除など）に関する管理者からの認可手続き
②利用者IDに与えられたアクセス権の一元的な記録の維持
③役職や職務を変更した利用者のアクセス権の即座の解除や停止
④認可されたアクセス範囲とアクセス制御方針（A.9.1.1）の整合性と、アクセス権の定期的なレビュー

■ 情報システムへのアクセス権の提供イメージ

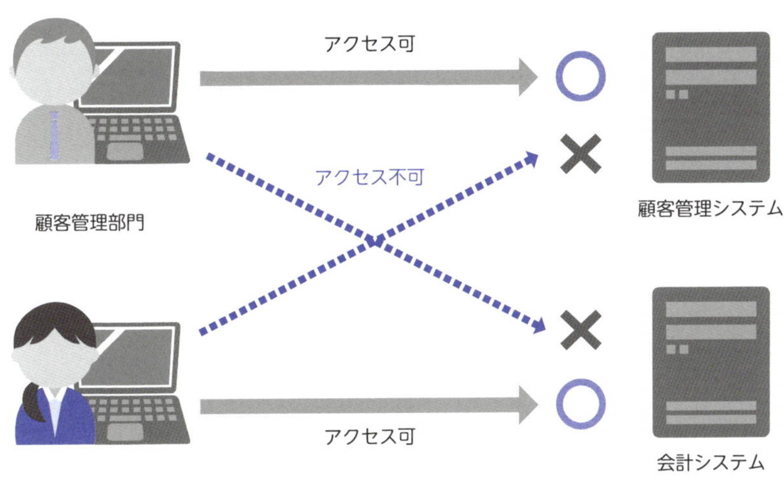

A.9.2.3 特権的アクセス権の管理

情報システムやサービスに与えられるIDには、**一般利用者用ID**と**システム管理者用の特権ID**の2つがあります。

特権IDは、ファイルサーバなどの組織の重要なシステムデータを参照できたり、設定ファイルを変更したりできるなど、一般利用者IDよりも多くの権限が付与されているため、悪用された場合の影響が大きく、厳格な管理が必要となります。

A.9.2.3「特権的アクセス権の管理」では、情報システムやサービスにおける特権の割り当てと利用を制限し、管理することを要求しています。

特権的アクセス権を管理する手順には、次の①～⑧が含まれていることが望ましいです。

①特権的アクセス権の割り当ては、アクセス制御方針（A.9.1.1）に従い、正式な認可手順によって管理する

②情報システムやサービスごとの使用（または事象が発生したとき）の必要性に応じて、利用者に特権的アクセス権を割り当てる

③特権的アクセス権は、認可されるまで使用させない

④特権的アクセス権は、通常業務に用いる利用者IDとは別に割り振る。特権的IDからは通常業務は行わない

⑤割り当てた特権的アクセス権の認可や内容について記録を維持する

⑥特権的アクセス権の終了（異動・退職・利用期間の終了）について、特権的IDの削除やパスワードの変更などを定める

⑦特権的アクセス権を与えられた利用者の力量がその職責に見合っているか、力量を定期的に確認して評価する

⑧特権的IDを共有する場合は、パスワードを頻繁に変更するなどの対策を実施する

■ 特権的アクセス権の管理イメージ図

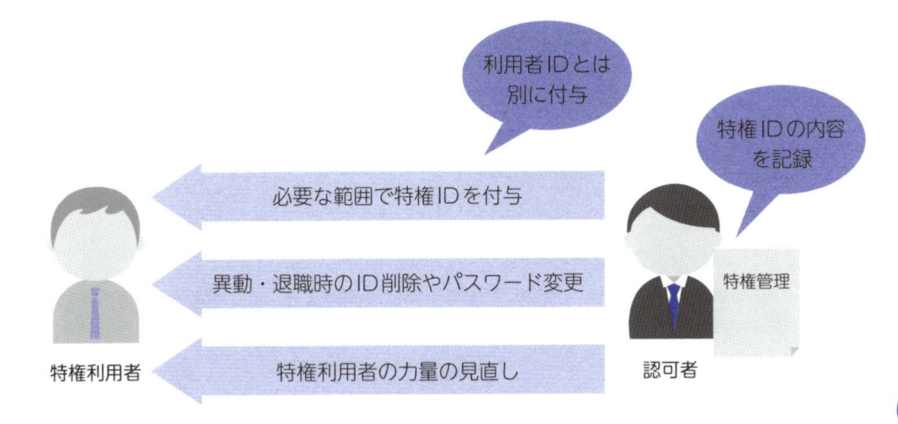

■ 特権的アクセス権の割り当ての例

システム	特権利用者の範囲
基幹システム	・情報システム部長 ・情報システム部長から許可を得た情報システム部員
ファイルサーバ	・情報システム部長 ・情報システム部長から許可を得た情報システム部員
全体共有フォルダ	・情報システム部から許可を得た利用者
部門別フォルダ	・部門長 ・部門長が指名する部門内の管理者
プロジェクトフォルダ	・プロジェクトリーダー（PL） ・PLが許可したプロジェクトメンバー
部門サーバ	・部門サーバの管理者
パソコン端末	・各部門の管理者 ・管理者の許可を得た利用者（専有パソコン端末のみ）
○○管理システム	・システムの製作者
経理アプリケーション	・総務部

A.9.2.4 利用者の秘密認証情報の管理

秘密認証情報とは、もっとも一般的に利用されているパスワードのほか、秘密鍵などの暗号に関する認証情報、ワンタイムパスワード、図形や指の動きなどの情報、生体認証（指紋や顔などの生体情報から生成される認証情報）などが含まれています。

■ パスワード以外の秘密認証情報の例

A.9.2.4「利用者の秘密認証情報の管理」では、秘密認証情報の割り当てと、利用者への通知などを管理することを要求しています。

秘密認証情報の管理手順は、業務内容や保有する情報のレベルに応じて、次の①〜④に留意する必要があります。

①秘密認証情報を秘密に保ち、誓約書類への署名を利用者に要求する。なお、誓約書類については、雇用契約の条件に含まれる場合がある

②利用者に仮の秘密認証情報を発行し、最初の使用時に変更を要求する。仮の秘密認証情報を発行する前には、本人かどうかを確認する

③仮の秘密認証情報は、一人一人に対して一意とする。利用者は秘密認証情報の受領を知らせる

④業者があらかじめ設定した秘密認証情報は、システムまたはソフトウェアのインストール後に変更する

A.9.2.5 利用者アクセス権のレビュー

A.9.2.5「利用者アクセス権のレビュー」では、利用者のアクセス権を定期的に確認し、見直すことを要求しています。

組織では、人事異動や組織変更、または担当業務の変更などによって、付与されているアクセス権に変更が生じる場合があります。利用者のアクセス権の見直しについては、**A.9.2.2「利用者アクセスの提供」**や**A.9.2.3「特権的アクセス権の管理」**にも含まれていますが、申請漏れや処理の遅れなどで正常に行われなかった場合に、不適切なアクセス権が残る可能性があるため、利用者のアクセス権については定期的に見直す必要があります。

ISO/IEC 27002（情報セキュリティ管理策の実践のための規範）では、利用者のアクセス権と特権の2つについて、次の①～⑤を考慮することが望ましいとしています。

①利用者のアクセス権を、定期的な間隔、および異動・退職・契約期間の終了があった場合に見直す
②利用者の役割が組織内で変更された場合（一般利用者から管理者への任命）、そのアクセス権について見直す
③特権的アクセス権は、利用者のアクセス権よりも頻繁に見直す
④認可されていない特権が設定されていないかを定期的に確認する
⑤特権IDの変更は、定期的に見直すために記録を残す

■ 利用者アクセス権の管理とレビューの管理策の関係

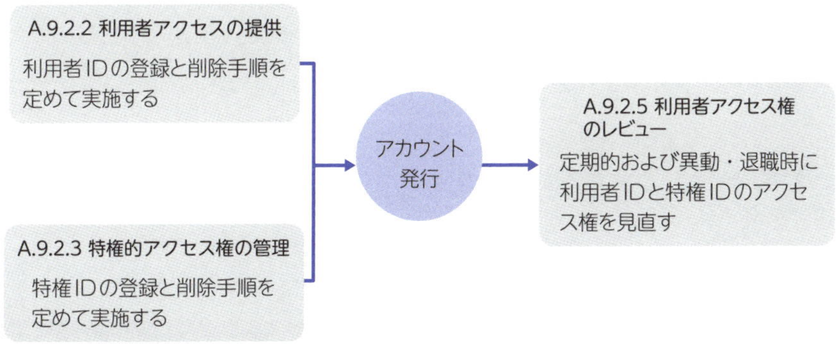

A.9.2.6 アクセス権の削除又は修正

A.9.2.6「アクセス権の削除又は修正」では、**従業員の異動や退職、外部の利用者との契約終了時**に、情報システムやサービス、情報処理施設へのアクセス権を適切に削除・修正することを要求しています。

アクセスには、情報システムやネットワークを利用して情報を閲覧する場合だけでなく、施設に入って資料などを閲覧することも含まれます。そのため、アクセス権の削除や修正の対象者には、一般来訪者が含まれる場合があります。

アクセス権の削除や修正では、次の①～⑥が含まれていることが望ましいとされています。

①従業員の退職や外部利用者との契約終了時には、情報システムやネットワークへのアクセス権を削除したり、施設へ立ち入る際に必要な社員証などを返却したりすることを確実にする。一般来訪者については、貸与した来訪者証の回収などがこれに該当する

②業務が変更された場合、新たな業務に必要ないアクセス権は削除する

③オートロック扉のパスワードを利用するメンバーに変更があった場合は、パスワードを変更する。また、解錠に生体認証を使用している場合には、アクセス権を削除する

④共用の利用者IDについては、メンバーに変更がある際にはパスワードを変更する

⑤関係者に、退職や契約終了する者と情報を共有しないように通知する

⑥退職や異動の前にアクセス権の縮小や削除が必要かどうかを判断する。解雇の場合には、解雇された者による情報の改ざんや破壊、不正持ち出しのリスクを考慮する必要がある

まとめ

- 業務の変更や雇用の終了に合わせてアクセス権を見直す

42 A.9.3 利用者の責任

A.9.3「利用者の責任」では、利用者に対して、情報システムを利用する際のパスワードなど、秘密認証情報の利用に関する組織のルールを順守するように規定しています。

A.9.3.1 秘密認証情報の利用

A.9.3.1「秘密認証情報の利用」では、利用者にパスワードなどの秘密認証情報を保護する責任を持たせるために、注意すべきことを明確にして順守させることを要求しています。

秘密認証情報の取り扱いは、他者が勝手に利用することがないように、利用者に対して、具体的にどのようなことに気を付けるのかを示すとともに、**他人のIDやパスワードを本人の許可なく第三者に教える**ことは、「不正アクセス禁止法」の**不正アクセス行為を助長する行為**として禁止されていることを周知する役割もあります。

ISO/IEC 27002（情報セキュリティ管理策の実践のための規範）では、利用者に要求する秘密認証情報の責任について、以下の①～⑥を要求することが望ましいとされています。

■ 利用者に要求する責任の例

要求する内容例

①秘密認証情報は秘密にしておき、誰にも漏らさない
②秘密認証情報を紙、ソフトウェアのファイル、携帯用の機器に記録して保管しない
③秘密認証情報に漏えいなどの危険の兆候が見られる場合は、秘密認証情報を変更する
④質のよいパスワードを利用する
⑤個人の秘密認証情報を共有しない
⑥業務目的でないものと同じ秘密認証情報を用いない

▶ 秘密認証情報は適切に管理する必要がある

43 A.9.4 システム及びアプリケーションのアクセス制御

A.9.4「システム及びアプリケーションのアクセス制御」では、情報システムに保存されている情報への認可されていないアクセスを防止するために、アクセス制限やログオン手順などの管理策について規定しています。

A.9.4.1 情報へのアクセス制限

A.9.4.1「情報へのアクセス制限」では、個々の情報やアプリケーションシステム機能へのアクセスを制御することを要求しています。制限の範囲は、**A.8.1.3「資産利用の許容範囲」**や**A.9.1.1「アクセス制御方針」**と整合している必要があります。

なお、アプリケーションシステムは、ネットワークを介して提供される基幹の業務システムやグループウェアなど、ユーザー登録しないと利用できないシステムを想定しておくとよいでしょう。

情報へのアクセスを制限するために、アプリケーションシステムには次の①～⑤を考慮して対策を取ることが望ましいとされています。

①アプリケーションシステムには、アクセス制御できるメニュー（機能）がある
②A.8.1.3「資産利用の許容範囲」やA.9.1.1「アクセス制御方針」に従い、利用者がアクセスできるデータを制限する
③利用者のアクセス権（例：読み出し、書き込み、削除、実行）を制御する
④アプリケーションへのアクセス権を制御し、出力する情報（閲覧できる情報）を制御する
⑤取り扱いに慎重を要するアプリケーションやシステムを物理的または論理的に隔離して、アクセスを制限する

■ フォルダへのアクセス制御

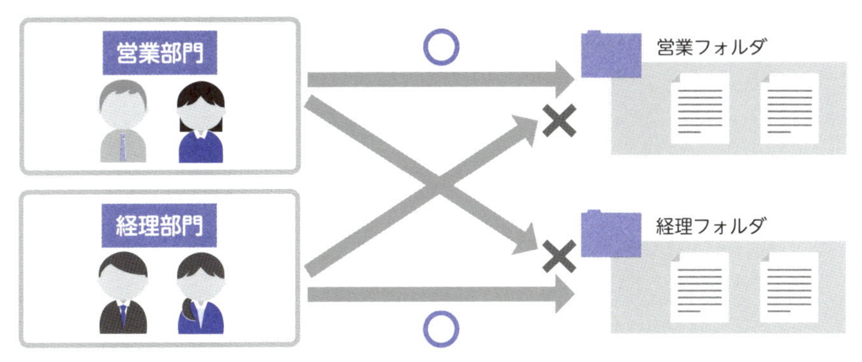

A.9.4.2 セキュリティに配慮したログオン手順

A.9.4.2「セキュリティに配慮したログオン手順」では、システム及びアプリケーションへのアクセスを、セキュリティに配慮したログオン手順によって制御することを要求しています。

セキュリティに配慮したログオン手順では、次の①～③を考慮していることが望ましいとされています。

①適切な認証技術で利用者が提示する識別情報を検証する
②強い認証・識別情報の検証が必要な場合は、パスワードに代えて、暗号化や生体認証、ワンタイムパスワードなどの認証を用いる
③ログオン時に認可されていない利用者に無用な情報を表示しない

■ セキュリティに配慮したログオン

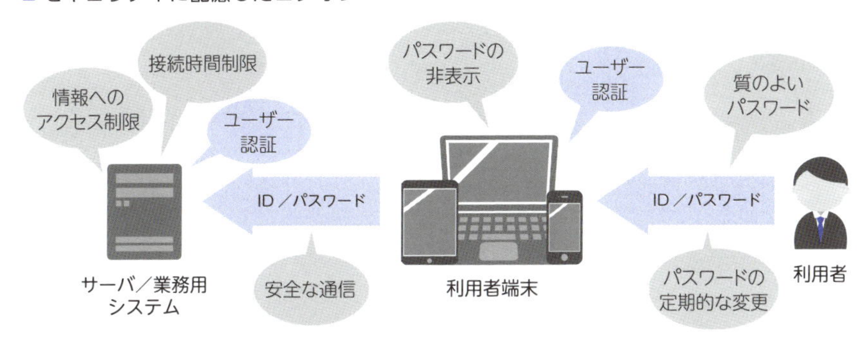

A.9.4.3 パスワード管理システム

A.9.4.3「パスワード管理システム」は、システムやアプリケーションへの認可されていないアクセスを防止するために、パスワード管理システムは**対話式**とし、良質なパスワードを確実にすることを要求しています。

対話式のパスワード管理システムは、変更期限が過ぎたパスワードを使い続けていないかを確認したり、設定しようとするパスワードが組織の定めたルールを満たしているかを確認したりして、利用者に確認結果を通知するなどの機能を持つシステムのことです。

パスワード管理システムには、次の①～④の条件を満たしていることが望ましいとされています。

①質のよいパスワードを選択する（例：英数字の組み合わせで8文字以上など）
②パスワードは、定期的および最初のログイン時など、必要に応じて変更する
③以前に用いられたパスワードの記録を維持し、再使用を防止する
④パスワードは入力時に画面上に表示させないようにする（例：「＊（アスタリスク）」が表示されるなど）

■ パスワード管理システムのイメージ

A.9.4.4 特権的なユーティリティプログラムの使用

ユーティリティプログラムは、データ処理やシステム運用など、コンピュータ上の補助的な機能を共通して利用できるように作成されたプログラムのことで、エディタなどのソフトウェアや、システム全体を管理・保守するメンテナンスツールが該当します。

システムやアプリケーションには、初期設定やその後の設定変更のためのユーティリティプログラムが組み込まれており、制御機能や利用権限を含む設定、登録情報を変更することができてしまうため、誤用や不正使用のリスクをはらんでいます。

A.9.4.4「特権的なユーティリティプログラムの使用」では、システムやアプリケーションによる制御を無効にできるユーティリティプログラムの使用を制限し、厳しく管理することを要求しています。

■ 特権的なユーティリティプログラムの使用制限のイメージ図

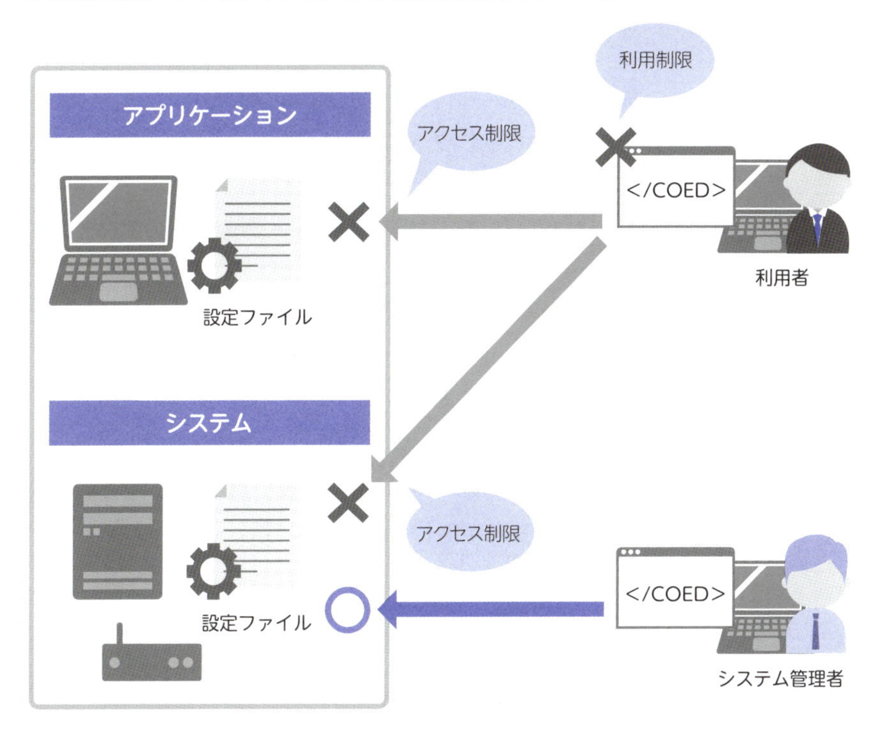

A.9.4.5 プログラムソースコードへのアクセス制御

プログラムソースコードとは、プログラミング言語で記述されたテキストのことで、プログラムの設計図とも呼ばれます。

A.9.4.5「プログラムソースコードへのアクセス制御」では、プログラムソースコードおよび関連書類（設計書、仕様書、検証計画書、妥当性計画書）に対して、認可されていない機能が入り込むことを防止することで意図しない変更が起きることを回避すること､価値の高い知的財産の機密性を維持するために、厳重に管理することを要求しています。

ISO/IEC 27002（情報セキュリティ管理策の実践のための規範）では、プログラムソースコードの管理について、プログラムソースライブラリでコードを集中管理し、プログラムが破壊される危険性を低減させるために、次の①～⑦の事項を考慮するのが望ましいとしています。なお、プログラムソースコードにアクセスできない組織では、実施できない管理策として除外することになります（6.1.3 d)）。

①プログラムソースライブラリは、運用システムの中に保持しない
②プログラムソースコードおよびプログラムソースライブラリは、確立した手順に従って管理する
③いかなる関係者にも、プログラムソースライブラリへの無制限のアクセスを許可しない
④プログラマへのプログラムソースの発行は、適切な認可を得たあとにだけ実施する
⑤プログラムリストは、セキュリティが保たれた環境で保持する
⑥プログラムソースライブラリへのアクセスについて監査ログを維持する
⑦プログラムソースライブラリの保守および複製は、厳しい変更管理手順（A.14.2.2「システムの変更管理手順」）に従う

セキュリティに配慮して不正なアクセスを防ぐ

44 A.10.1 暗号による管理策

A.10.1「暗号による管理策」では、情報の機密性、真正性及び／又は完全性を保護するために、暗号による管理策をどこで実施するのかを明確にすることと、暗号鍵の取り扱いに関する管理策について規定しています。

A.10.1.1 暗号による管理策の利用方針

A.10.1.1「暗号による管理策の利用方針」では、情報を保護するための暗号利用の方針を策定し、実施することを要求しています。

どの業務プロセスにどのような暗号を用いるのかは、リスクアセスメントによる管理策の決定（P.72参照）の一部としてとらえ、次に挙げるような管理策を決定するのが望ましいとされています。

(1) VPN (Virtual Private Network)

インターネット経由で組織の各拠点のネットワークにアクセスする場合に、通信データを暗号化して、仮想的に専用線のような安全な通信回線を実現するのがVPN（仮想プライベートネットワーク）です。

VPNでは、Webブラウザなどの特定のアプリケーションを利用した**SSL-VPN**（TCPレベルで通信を暗号化）や、特定のアプリケーションに依存しない汎用性の高い**IPsec**（IPレベルで通信を暗号化）がよく使われています。

■ VPNの概念図

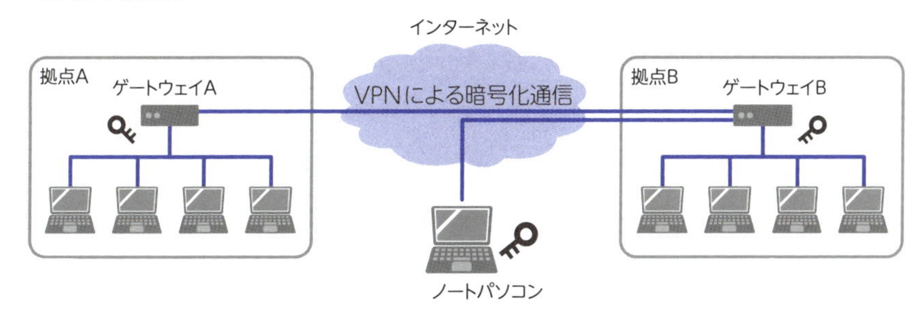

(2) SSL (Secure Sockets Layer)

Web通信を暗号化する場合にもっとも一般的なのがSSLによる暗号化方式です。SSLでは、**共通鍵暗号**と**公開鍵暗号**を組み合わせて相手を認証し、暗号通信をしています。

■SSLのしくみ

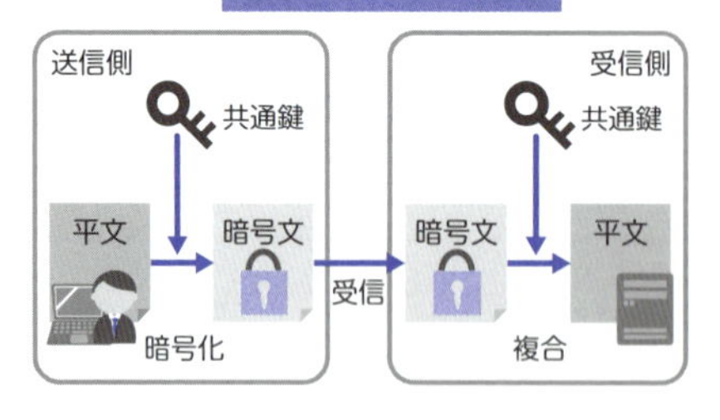

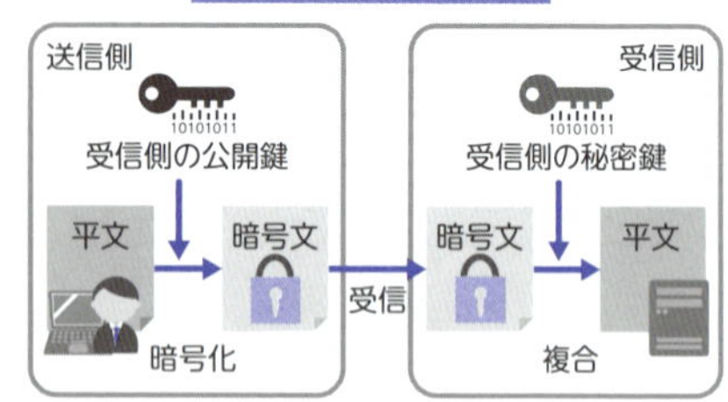

A.10.1.2 鍵管理

A.10.1.2「鍵管理」は、暗号鍵のライフサイクルにわたって管理することを要求しています。

暗号の利用は、一般的に、情報の秘匿や完全性などの実装には**共通鍵暗号技術**を利用し、相互認証やデジタル署名、否認防止などの実装には**公開鍵暗号技術**を利用します。暗号鍵の管理の手順や方法には、次の①〜④を含めることが望ましいとされています。

①適切な慣行に従い、暗号方式、鍵の長さおよび使用法を選定する
②暗号鍵の生成、入手、保管、保存、読み出し、配布、利用停止および破壊するための手順を定める
③暗号鍵は、認可されていない利用や開示から保護する
④鍵の生成、保管・保護のために用いられる装置は、物理的に保護する

情報の重要度に応じて適切な暗号化を行う

A.11 物理的及び環境的セキュリティ

「A.11 物理的及び環境的セキュリティ」は、オフィスや施設、装置などへの不正アクセスによる、情報セキュリティ事故を防止するための要求事項が定められており、2つの管理目的で構成されています。

45 A.11.1 セキュリティを保つべき領域

A.11.1「セキュリティを保つべき領域」では、認可されていない物理的アクセスによる、組織の情報や情報処理施設の損傷・妨害を防止するための管理策について規定しています。

A.11.1.1 物理的セキュリティ境界

A.11.1.1「物理的セキュリティ境界」では、保護対象となる情報が存在している媒体や設備などについて、物理的なセキュリティ境界を設けるように要求しています。

物理的な保護は、情報や設備の周囲に、次の①～④の**物理的な障壁を1つ以上設ける**ことで達成でき、複数の障壁を利用すれば、保護のレベルも高くなる特徴があります。

①建物の敷地を取り囲む外周壁
②建物の外壁
③従業員が入場可能な入退管理されたエリア
④限られた従業員のみが入場可能な入退管理されたエリア

これらの物理的セキュリティ境界は、リスクアセスメントの結果に基づいて、情報が適切に保護されるように設計しますが、境界の設計や実装にはコストがかかる場合もあるため、組織の経済的状況も考慮する必要があります。

たとえば、ICカードや生体識別によって解錠するオートロック扉を導入しなくても、受付カウンター、パーテーションなどの仕切り、床への境界線表示、立て看板などを組み合わせる方法もあります。また、堅固さ以外に、サーバ室の壁を透明にして死角をなくすなど、監視のしやすさについても考慮する必要があります。

一般的な対策としては、認可されていない侵入やのぞき見などを考慮して、

3つ程度の物理的なセキュリティ境界を設定します。

設定した領域は、入退管理ルールとして下図のように文書化し、組織内に周知します。ただし、重要な情報がどこにあるのかわかってしまう場合もあるため、どの程度の情報を記載するのかについては注意が必要です。

■物理的セキュリティ境界のイメージ

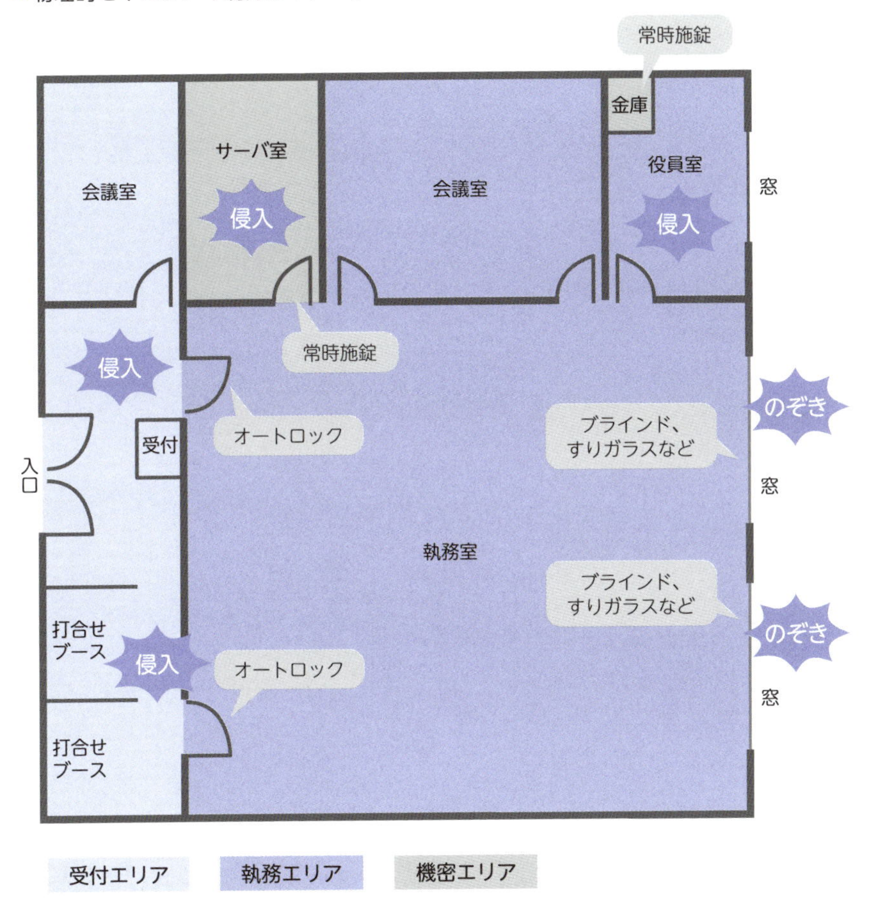

受付エリア：来訪者が従業員の同行なしに出入りできる領域
執務エリア：従業員および従業員が同行した来訪者のみ出入りできる領域
機密エリア：特別に認可された従業員および指定業者のみ出入りできる領域

A.11.1.2 物理的入退管理策

A.11.1.2「物理的入退管理策」では、認可された者だけが、建物やオフィスなどのセキュリティを保つべき領域へ立ち入れるようにするために、適切な入退管理策を定めるように要求しています。

建物やオフィスへの入退管理策の実施については、次の①～⑥を明確にするとよいでしょう。

①訪問者の入退の日付や時刻を記録する。記録様式は、訪問者が記載する場合は**単票形式**に、内部の対応者が記載する場合は**一覧表形式**にするなど、訪問者に不要な情報が開示されないように考慮する

■ 訪問者記録の様式例（2種類）

単票形式

社名		
氏名		
年月日	年　月　日（　）	
時刻	：	
訪問先		
ご要件		
当社記入欄	退出時刻	
	対応者サイン	

株式会社○○○○

一覧表形式

月日	社名	氏名	要件	入室時刻	退室時刻	確認者サイン
月　日				：	：	
月　日				：	：	
月　日				：	：	
月　日				：	：	
月　日				：	：	
月　日				：	：	
月　日				：	：	

株式会社○○○○

②秘密情報の処理および保管する領域（執務エリアやサーバ室など）への入退は、認可された者だけに制限する。制限が必要な領域については、IDカードや生体認証によるオートロック扉の設置などが考えられる

建物への入退については、守衛や警備員などの有人監視を導入したり、IDカードによる入退制限ゲートを設置したりしている組織もある。ただし、これら入退管理策の実装にはコストがかかるため、組織の経済的状況を考慮し、必要な範囲で制限を設ける

■IDカードや生体認証、ゲートによる入退制限

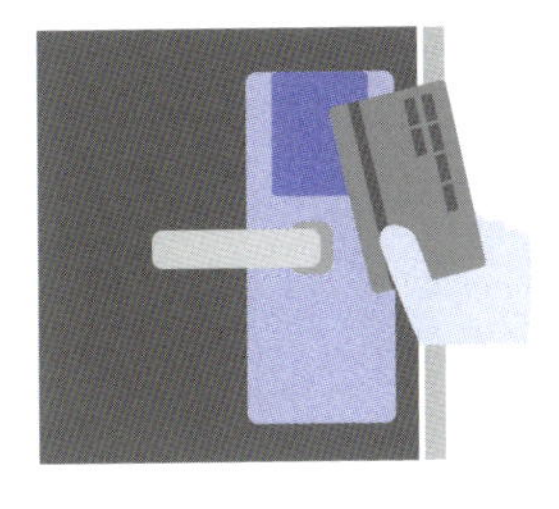

カード認証

生体認証

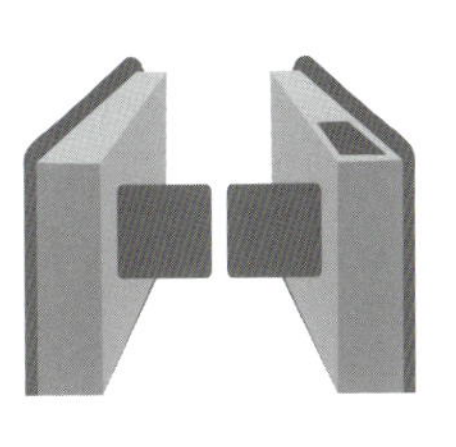
入退制限ゲート

③すべての入退記録（紙の記録や電子データ）は、インシデント発生の原因調査に必要な情報なので、期間を定めて保管する。また、改ざんや意図しない消去・廃棄がないように監視する

④すべての従業員、契約相手および外部関係者には、証明書などを着用させ、目に見える何らかの形式で識別できるようにする。また、関係者が付き添っていない訪問者や、証明書を着用していない者を見かけた場合には、用件を確認して案内するか、警備員に知らせる

■識別方法の例

社員証やゲストカードによる識別（ストラップの色は別にする）

作業着やユニフォームによる識別

施設に頻繁に出入りする業者などは所属する組織の制服による識別

⑤情報処理機器のメンテナンスなど、外部のサポート要員が立ち入る場合は、限定的かつ必要なときにだけ許可する

⑥セキュリティを保つべき領域へのアクセス権は定期的に見直し、不要なものは無効にする

A.11.1.3 オフィス、部屋及び施設のセキュリティ

A.11.1.3「オフィス、部屋及び施設のセキュリティ」では、オフィス、部屋及び施設の中でどのような業務を行っているのかを推測できないように、物理的セキュリティを実施するように要求しています。

ISMS適用範囲のオフィス、部屋及び施設のセキュリティでは、次の①～④を考慮することが望ましいとされています。

①重要な情報処理設備や保管場所は、一般の人のアクセスが避けられる場所に設置する（A.11.1.2「物理的セキュリティ境界」）

②施設は、秘密の情報または活動が外部から見えたり聞こえたりしないように構成する。該当する場合は、**電磁遮蔽（テンペスト対策）**も考慮する。なお、テンペストとは、パソコンに接続されたディスプレイや接続ケーブルなどから発生する電磁波を外部から検知して、ディスプレイに表示された情報を取得する技術のことである

■ オフィス、部屋及び施設のセキュリティの例

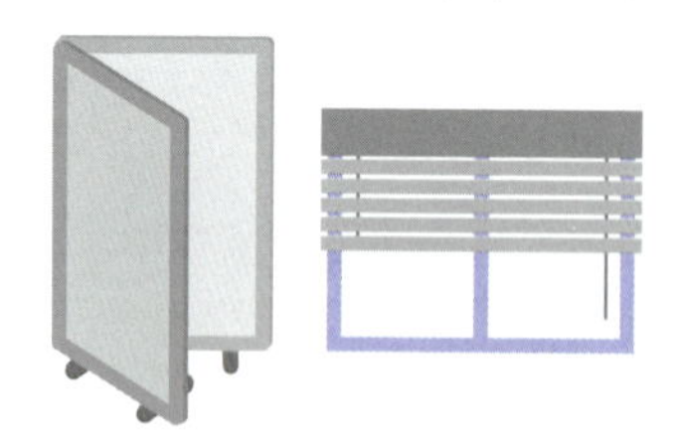

パーテーションやブラインドにより
外部から見えないようにする

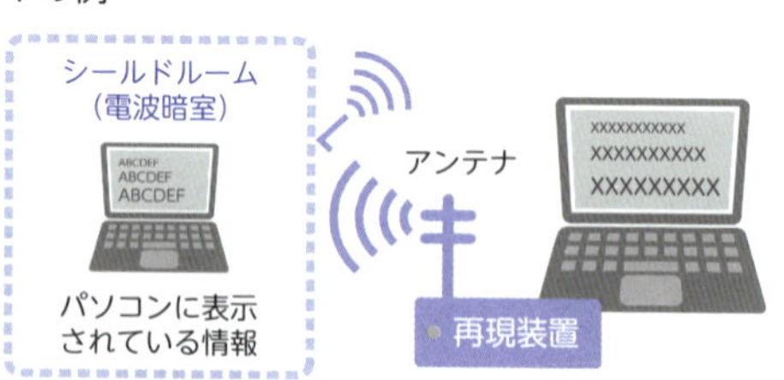

建物や部屋をシールドルームにして、
不要な電磁波を反射・吸収させる

③秘密情報を取り扱うオフィス、部屋及び施設のある建物は目立たせず、その業務内容を示す表示は最小限にする。なお、情報処理活動の存在を示すものは、建物の内外を問わず表示しない

④秘密情報処理施設の場所を示す案内板や内線電話帳は、認可されていない者が容易にアクセスできないようにする

A.11.1.4 外部及び環境の脅威からの保護

A.11.1.4「外部及び環境の脅威からの保護」では、自然災害や人的災害など、外部要因で発生する脅威から資産を保護するために、物理的な保護やセキュリティ領域を設計するように要求しています。

外部及び環境の脅威への対策については、次の①〜④が実施されていることが望ましいです。

①火災・水害・雨漏りなどへの耐久力のある構造や設備を備える

②サーバ室などのセキュリティを保つべき領域では漏水や防火対策を実施し、室内に危険物や可燃物（段ボールなどの紙類）を保管しない

■ 災害対策の例

③来訪者など、第三者がアクセスする領域には必要なもの以外置かないようにし、ネットワークケーブルの露出など、内部ネットワークに接続できる可能性は排除する。また、重要な情報処理機器は、外部からの侵入リスクを考慮して1階には設置しない

④バックアップデータは、サーバ機と同じ場所に保管しないようにし、災害発生時の情報処理機器の故障や損傷によるデータ消失のリスクを分散させる

A.11.1.5 セキュリティを保つべき領域での作業

A.11.1.5「セキュリティを保つべき領域での作業」では、秘密情報を取り扱うエリアや、重要な情報処理機器が設置されている場所での作業についての手順を決め、運用するように要求しています。

セキュリティを保つべき領域での作業には、次の①～④が考慮されていることが望ましいです。

①セキュリティを保つべき領域の存在またはその領域内での活動は、**need to know（知る必要性）**の原則に基づき、必要な範囲の要員だけが認識している

②サーバ室や個人情報などの秘密情報を取り扱うエリア（例：コールセンター）など、セキュリティを保つべき領域での監督されていない作業を回避するために、監視カメラを設置したり、持ち込みや持ち出せる物品を制限したりして、悪意ある活動を防止する

■ セキュリティを保つべき領域の管理策の例

カメラによる監視

携帯電話やボイスレコーダーなど、撮影や録音できるものは持ち込み禁止

USBメモリや認可されていないパソコンの持ち込みは禁止

③セキュリティを保つべき領域（サーバ室など）が無人のときは、物理的に施錠し、定期的に点検する

④秘密情報を取り扱うエリアでは、画像、映像、音声またはその他の記録装置（携帯端末に付いたカメラなど）は、認可されたもの以外は許可しない

A.11.1.6 受渡場所

荷物を搬入するときは、配送事業者が指定された場所まで搬入し、その場所で受渡しを行いますが、立ち入った業者に不必要に組織の重要な情報が見聞きされるリスクがあります。

A.11.1.6「受渡場所」では、荷物の受渡場所、および認可されていない者が施設に立ち入ることもあるその他の場所について管理することを要求しています。

受渡場所では、次の①～③が考慮されていることが望ましいです。

①建物外部から受渡場所へのアクセスは、**A.11.1.2「物理的入退管理策」**に基づいて、識別・認可された要員に制限する。また、荷物の搬入・搬出時には必ず立ち会うなど、人による監視も実施するほうが望ましい

②受渡場所は、**A.11.1.1「物理的セキュリティ境界」**に基づいて、配達要員が建物の他の場所にアクセスすることなく荷積み・荷降ろしできるように明確にする。なお、受渡場所は情報処理設備から離れているほうが望ましい

③可能な場合には、搬入された荷物が不正に持ち出されないように、搬入と搬出場所を物理的に分離して、搬出する荷物と識別する

■ 受渡場所の管理策の例

荷物の搬入・搬出は手渡しで行う

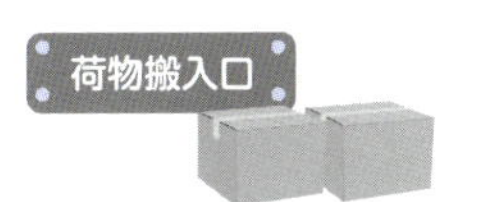

受渡場所に荷物を放置しない

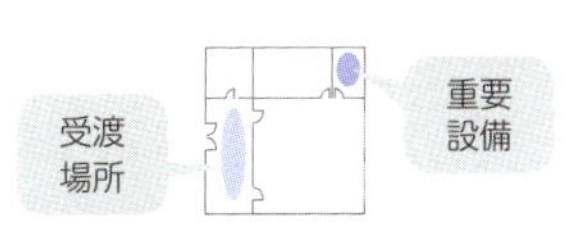

受渡場所は重要な情報処理設備とは離れた場所に設定する

まとめ

- **セキュリティを保つべき領域は、認可されていないアクセスによって引き起こされる損傷や妨害を防止するために行う**

46 A.11.2 装置

A.11.2「装置」では、情報を取り扱う装置の保護されたアクセスを考慮した配置や設置、電源対策、ケーブル配線の保護、装置の保守、安全な処分や再利用などについて規定しています。

A.11.2.1 装置の設置及び保護

A.11.2.1「装置の設置及び保護」では、装置に対して、**環境上の脅威や災害からのリスク、認可されていないアクセスの機会を低減するように設置して保護**することを要求しています。

ISO/IEC 27002（情報セキュリティ管理策の実践のための規範）では、装置の設置及び保護について、次の①〜⑩を考慮することが望ましいとしています。

①装置は、**A.11.1.1「物理的セキュリティ境界」**に従い、その作業領域への不必要なアクセスが最小限となるように設置する。たとえば、サーバ機であれば、サーバ室やサーバラックに設置して施錠する

②取り扱いに慎重を要するデータを扱う情報処理設備は、**A.11.1.3「オフィス、部屋及び施設のセキュリティ」**に基づいて、使用中に認可されていない者が情報をのぞき見るリスクを低減するために、その設置場所を慎重に定める

③認可されていないアクセスを回避するため、アクセスできる者を制限し、保管設備を施錠してセキュリティを保つ

④特別な保護を必要とする装置は、そうでない装置といっしょにすると、共通に必要となる保護のレベルが増加する。その保護レベルを軽減するために、設置場所を分けるなどし、他の装置と区別して保護する

⑤**A.11.1.4「外部及び環境の脅威からの保護」**に基づいて、潜在的な物理的および環境的脅威（盗難、火災、地震、破壊など）のリスクを最小限に抑える

⑥情報処理設備の周辺での飲食や喫煙は禁止する

⑦情報処理設備の運用に悪影響を与え得る環境条件（温度・湿度など）を監視する

⑧すべての建物に落雷からの保護を適用する。すべての電力および通信の引込線に避雷器を設置する

⑨作業現場などの環境にある装置には、特別な保護方法（キーボードカバーなど）の使用を考慮する

⑩電磁波の放射による情報漏えいのリスクを最小限にするため、秘密情報を処理する装置を保護する（P.156参照）

■ 装置の設置と保護のイメージ

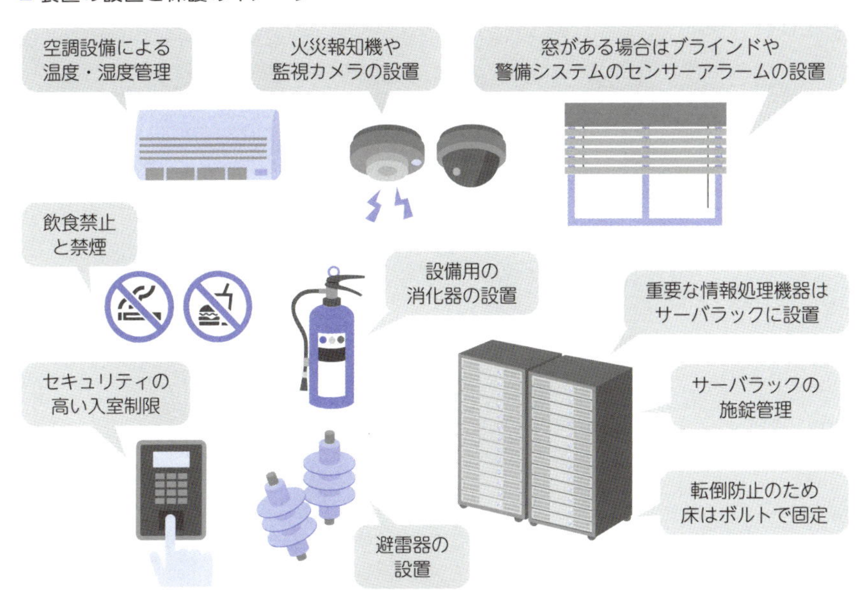

A.11.2.2 サポートユーティリティ

A.11.2.2「サポートユーティリティ」では、電気などの社会インフラや、空調などの施設管理の不具合による**停電、故障から装置を保護**することを要求しています。

サポートユーティリティの管理策は、システムに十分なサポートが行えるように、次の①～⑥を考慮することが望ましいとしています。

①サポートユーティリティの故障・不具合を防止するために、定期的に検査や試験を行う

②電源の供給を途切れさせないために、電源の多重化や無停電電源装置(UPS)、非常用発電機、蓄電システムなど、業務の要求に見合った電力供給装置を設置する

■ 無停電電源装置(UPS)による電源供給

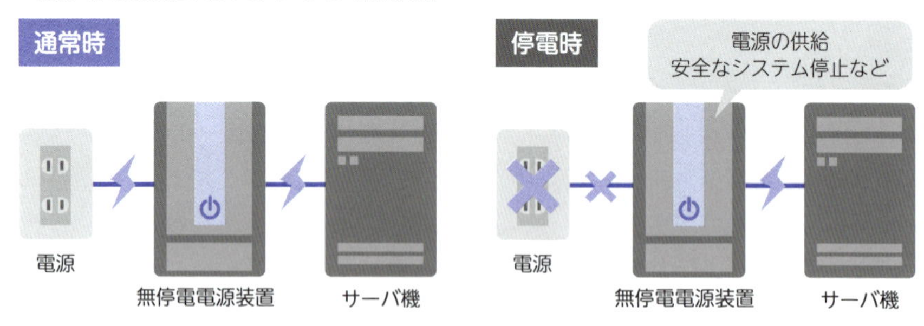

③緊急時の対応手順に、UPSの故障や発電機の定期点検を盛り込む

④非常用の照明や通信手段を備える

⑤サポートユーティリティの不具合を検知する警報を備える

⑥緊急時発生時のサポートユーティリティ管理業者との連絡体制を明確にしておく

A.11.2.3 ケーブル配線のセキュリティ

A.11.2.3「ケーブル配線のセキュリティ」では、データの伝送や情報サービスをサポートする通信ケーブルと電源ケーブルの配線について、**傍受、妨害、損傷から保護**することを要求しています。

ISO/IEC 27002（情報セキュリティ管理策の実践のための規範）では、ケーブル配線のセキュリティについて、次の①～③を考慮することが望ましいとしています。

①情報処理設備に接続する電源ケーブルや通信回線は、地下に埋設するか、床下配線への変更、モールやシールドによる保護など、十分な保護手段を施す

■ ケーブル配線のセキュリティの例

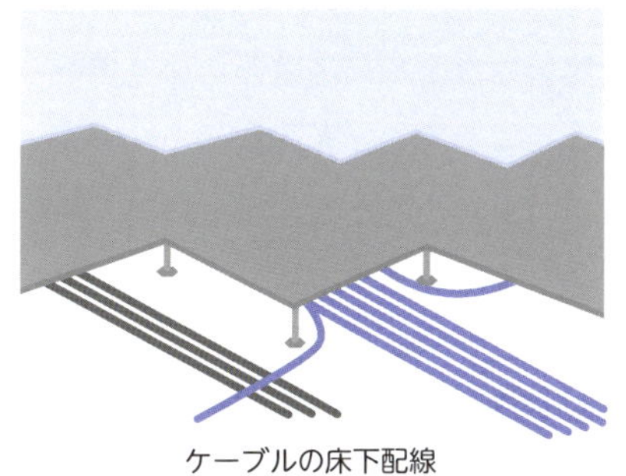

ケーブルの床下配線

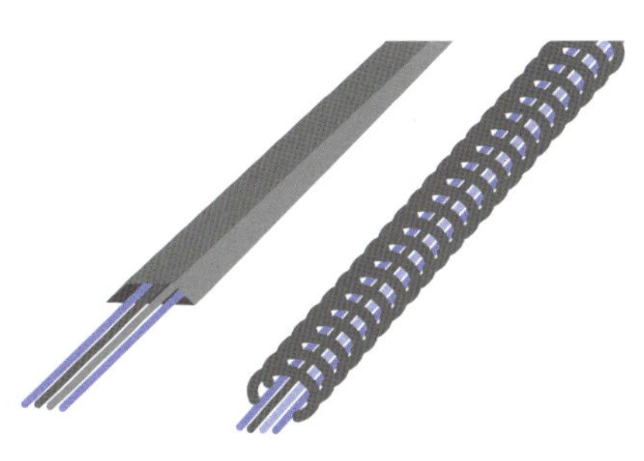

モールやシールドによる保護

②干渉を防止するため、電源ケーブルは通信ケーブルから隔離する

③取り扱いに慎重を要するシステムまたは重要なシステムは、損傷や傍受から保護するために、次の管理策も考慮する

- 外装電線管の導入
- ケーブルを保護するための電磁遮蔽（テンペスト対策）の利用
- ケーブルに認可されていない装置が取り付けられていないかの検索の実施
- 配線盤、端子盤、ケーブル室へのアクセス管理

A.11.2.4 装置の保守

A.11.2.4「装置の保守」では、装置の**可用性と完全性を継続的に維持**することを確実にするために、正しく保守することを要求しています。

ISO/IEC 27002（情報セキュリティ管理策の実践のための規範）では、装置の保守について、次の①～⑥を考慮することが望ましいとしています。

①供給者の推奨する間隔と方法に従って装置を保守する

②認可された保守要員だけが、装置の修理や手入れを実施する

③障害とみられる現象や、実際に発生した障害、それらの保守対応についての記録を作成し、保管する

④保守を施設外で行う場合、または必要な場合には、その装置から秘密情報を消去するか、保守要員が十分に信頼できる者であることを確かめる

⑤保険約款で定められた、保守に関するすべての要求事項を順守する

⑥保守後、装置を作動させる前に、その装置が改ざんされていないこと、および不具合を起こさないことを確実にするために検査する

■障害報告書の例

件名			
発生日時	年　月　日（　）	時間	～　（　時間）
障害内容			
発生原因			
暫定対応			
再発防止			

A.11.2.5 資産の移動

A.11.2.5「資産の移動」では、装置とソフトウェアについて、事前の許可なしに構外に持ち出さないことを要求しています。

装置、情報、ソフトウェアを通常の場所から持ち出す場合には、紛失、盗難、損傷や情報漏えいを防止するために、事前の許可が必要となる手続きを定めます。また、持ち出し期限を定め、返却されたかを確認し、記録を残すことも重要です。

持ち出し期間が長期間にわたる場合や、本来の保管場所が変更となる場合は、リスクアセスメント（6.1.2）で作成する資産台帳（情報資産管理台帳）の変更やリスクの見直しも必要となります。

A.11.2.6 構外にある装置及び資産のセキュリティ

A.11.2.6「構外にある装置及び資産のセキュリティ」では、構外にある資産（パソコン、携帯電話、書類、記憶媒体など）に対して、構内での作業とは異なる作業リスクを考慮に入れて、セキュリティを適用することを要求しています。

ISO/IEC 27002（情報セキュリティ管理策の実践のための規範）では、出張、外出先、移動中や在宅作業で本来の使用場所から持ち出した資産について、次の①～④を考慮することが望ましいとしています。

①持ち出した装置および媒体は、公共の場所に無人状態で放置しない

②装置の取り扱いは、製造業者の指示を常に守る

③リスクアセスメントに基づいて、在宅勤務やテレワーキングなど、構外の場所で使用する際の管理策を決定し、適用する

④構外にある装置が、複数の個人または外部関係者の間で移動する場合には、その装置の受渡記録を残す

A.11.2.7 装置のセキュリティを保った処分又は再利用

A.11.2.7「装置のセキュリティを保った処分又は再利用」では、記憶媒体を内蔵したすべての装置を処分又は再利用する前に、**すべてのデータとライセンス供与されたソフトウェアの消去**、または**セキュリティを保って上書きする**ことを確実にすることを要求しています。

秘密情報やソフトウェアなど、著作権のある情報が保存されているハードディスク（HDD）などの記憶媒体を処分する際は、物理的に破壊するか、情報を破壊、消去・上書きして安全に処分する管理策が必要となります。

消去・上書きは、標準的な消去や初期化の機能を利用しても、データが完全に消去されません。そのため、元の情報を媒体から完全に取り出せないように、無意味な情報を上書きするソフトウェアを利用して消去するなどの方法を採用しなければなりません。

■ ハードディスク（HDD）のデータ消去・破壊の方法

上書き消去

ソフトウェアで無意味な情報をハードディスク全体に書き込んでデータを消去する

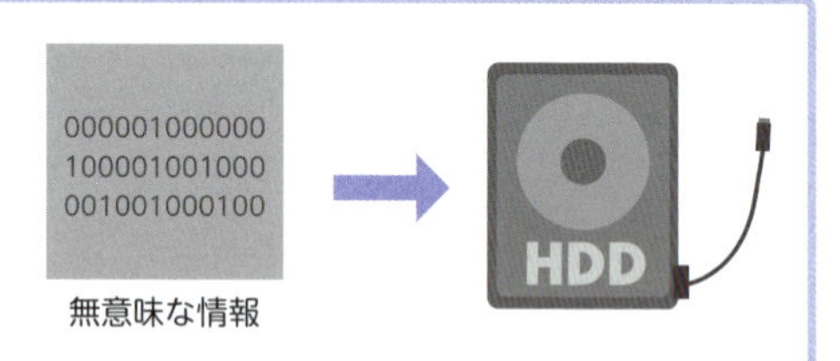

磁気消去

強力な磁気をハードディスクにあてることにより、保存されている情報を破壊する

物理的破壊

ハードディスクを物理的に破壊し、情報を読み取ることができないよう磁気層を破壊する

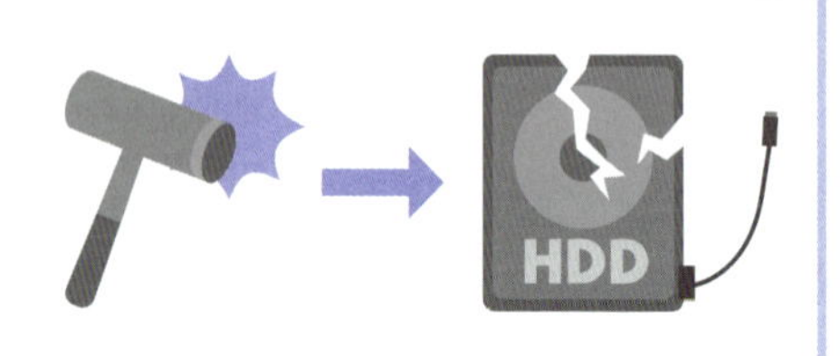

A.11.2.8 無人状態にある利用者装置

A.11.2.8「無人状態にある利用者装置」では、無人状態にある装置が適切な保護対策を備えていることを確実にすることを要求しています。

無人状態にある利用者装置とは、利用者の離席によって無人状態になる場合と、会議室などに設置してあるパソコン端末や複合機などのように、**利用者が相対していないのが常態である装置**を指します。

ISO/IEC 27002（情報セキュリティ管理策の実践のための規範）では、利用者に対して、次の①〜③を認識させることが望ましいとしています。

①実行していた処理が終わった時点で接続を切る。ただし、適切なロック機能（パスワードによって保護されたスクリーンセーバーなど）によって保護されている場合は、その限りではない

②必要がなくなったら、アプリケーションまたはネットワークサービスからログオフする

③コンピュータまたはモバイル機器は、利用していない場合、キーロックや同等の管理策（パスワードアクセスなど）によって、認可されていない利用から保護する

■ 無人状態にある利用者装置のイメージ

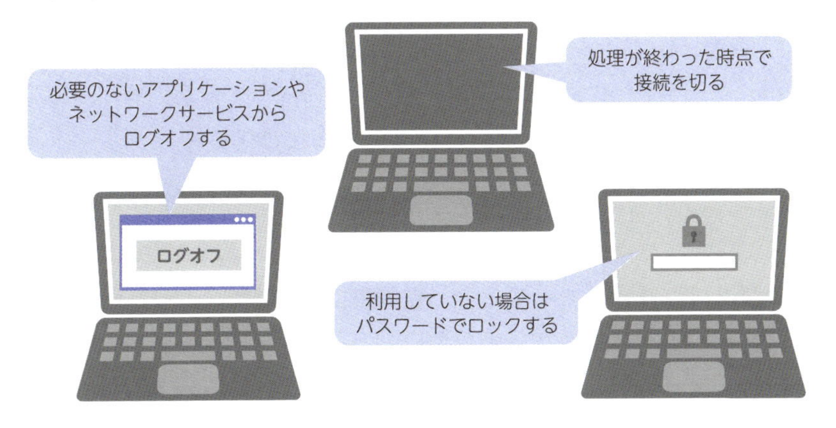

A.11.2.9 クリアデスク・クリアスクリーン方針

A.11.2.9「クリアデスク・クリアスクリーン方針」では、書類および取り外し可能な記憶媒体に対する**クリアデスク方針**と、情報処理設備に対する**クリアスクリーン方針**を定めて適用することを要求しています。なお、クリアデスクとは、机上に書類を放置しないことをいい、クリアスクリーンとは、情報をスクリーンに残したまま離席しないことをいいます。

クリアデスク・クリアスクリーン方針を情報セキュリティにおける**5S活動**（整理、整頓、清掃、清潔、しつけ）と位置付け、次の①〜⑤を実施していることが望ましいです。

①紙媒体の重要な業務情報は、必要ない場合、とくにオフィスに誰もいないときには、紛失や盗難による情報漏えいを予防するため、施錠して保管する。また、終日不在の管理者のデスクに重要な書類は提出しない

②パソコン端末やファイルサーバなどに保管している情報についても、書類と同様に整理し、不要なデータは削除する

③パソコン端末は、離席時にはログオフ状態にしておくか、パスワードが設定されたスクリーンまたはキーボードのロック状態によって保護する。また、デスクトップに重要なデータを保管しない

④使用していないパソコン端末は、可能であれば施錠できる場所で保管する

⑤重要な情報を印刷する場合は、プリンタから直ちに取り出す

まとめ

- 装置を適切に保護することで、資産の安全を保つ
- 装置の処分または再利用時は、元のデータに復旧できないようにする

14章

A.12 運用のセキュリティ

「A.12 運用のセキュリティ」では、認可されていないアクセスによって情報の流出や改ざんなどが行われないように、セキュリティを維持しながら情報を保護する対策について規定されており、7つの管理目的で構成されています。

47 A.12.1 運用の手順及び責任

A.12.1「運用の手順及び責任」では、正確かつセキュリティを保った情報処理設備の運用を確実にするために、操作手順書、変更管理、容量・能力の管理、開発・試験環境と運用管理の分離と管理策について規定しています。

A.12.1.1 操作手順書

A.12.1.1「操作手順書」では、情報処理設備や通信設備に関する**操作手順書**(パソコンの起動・停止、バックアップ、装置の保守、媒体の取り扱い、サーバ室やメールの取り扱いの管理·安全、障害発生時の手順や連絡先など)を**文書化**し、必要とするすべての利用者に提供することを要求しています。

情報処理設備を正確に、かつセキュリティを保って運用するためには、それぞれの情報処理設備やシステムごとの操作手順が明確になっていることが不可欠です。これらの操作手順書は、担当者の個人的な文書ではなく、次の①～③を満たす正式な手順書として、文書化しておく必要があります。

①具体的な手順が決められていること
②情報処理設備や通信設備のセキュリティ維持に責任を持つ管理者によって承認されていること
③情報処理設備やシステムの変更などがあった際に見直され、最新の状態になっていること

操作手順書には、情報処理設備やシステムの平常時の取り扱いのほか、障害発生時のシステムの復旧など、**異常時の対応についても明確にしておく**必要があります。

また、異常時の対応では、実務担当者や運用担当者が不在であっても対応できるように考慮されている必要があります。

■ 利用者への操作手順書の提供

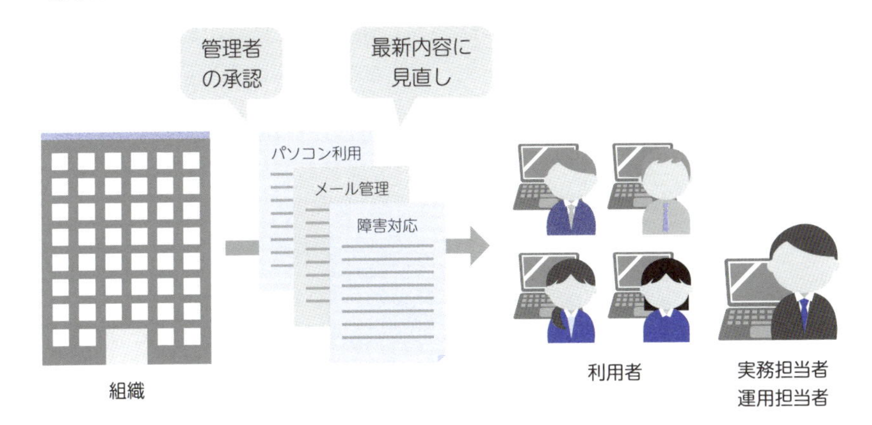

A.12.1.2 変更管理

A.12.1.2「変更管理」では、情報セキュリティに影響を与える組織、業務、情報処理設備、システムの変更について管理することを要求しています。

ISO/IEC 27002（情報セキュリティ管理策の実践のための規範）では、変更管理について、次の①～⑧を考慮することが望ましいとしています。

①重要な変更を特定し記録する
②変更作業の計画策定およびテストを実施する
③変更にともなって情報セキュリティに与える影響を評価する
④変更の申請と承認する手続きを定める
⑤変更前に情報セキュリティ要求事項が満たされていることを検証する
⑥変更に関する詳細事項をすべての関係者に通知する
⑦うまくいかない変更、予期できない事象から回復する手順（代替手段）と責任を定める
⑧インシデント解決のために必要な緊急時の変更手順を定める

A.12.1.3 容量・能力の管理

A.12.1.3「容量・能力の管理」では、必要なシステム性能を満たすことを確実にするために、**資源の利用を監視・調整**するとともに、**将来必要とする容量・能力を予測**することを要求しています。

組織のシステムは、その重要度を考慮して、必要な容量・能力のレベルを決定し、管理者が監視し、調整することによって、可用性や効率を維持していきます。

一般的な管理方法は、監視結果に基づいて運用資源の容量・能力を増やすか、システムへの要求を減らすことによって、適切な容量・能力を確保することです。ISO/IEC 27002（情報セキュリティ管理策の実践のための規範）では、容量・能力の改善例として、次の①～⑤が紹介されています。

①不要なデータ（古いデータ）を削除する
②必要のないアプリケーション、システム、データベース、環境を廃止する
③バッチのプロセスおよびスケジュールを最適化する
④アプリケーションの処理方法やデータベースへのアクセスを最適化する
⑤事業上重要でない場合、大量の帯域を必要とするサービス（動画ストリーミングなど）に対する帯域割り当ての拒否または制限を行う

■容量・能力の管理

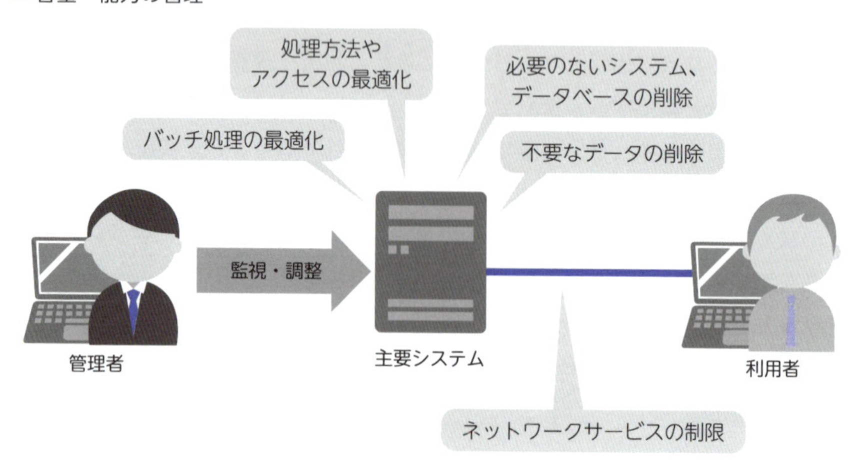

A.12.1.4 開発環境、試験環境及び運用環境の分離

A.12.1.4「開発環境、試験環境及び運用環境の分離」では、**開発・試験環境が、運用環境に影響を与えないように分離**することを要求しています。

組織の開発部門やシステムの開発担当者が、開発環境や試験環境から本番環境で稼働している運用システムにアクセスできる場合、故意または過失によって重大な問題が発生するリスクがあるため、開発・試験環境は、運用環境から分離する必要があります。

分離には、運用担当者と開発・試験担当者の兼任を禁止したり、論理的または物理的にシステムへのアクセスを制限したりなどで、それらを組み合わせる方法もあります。

ISO/IEC 27002（情報セキュリティ管理策の実践のための規範）では、開発・試験環境と運用環境の分離について、次の①～⑦を考慮することが望ましいとしています。

①ソフトウェアの開発から運用の段階への移行について明確な規則を定め、文書化する
②開発ソフトウェアと運用ソフトウェアは異なるシステムやコンピュータ、もしくは論理的に影響のない領域で実行する
③運用環境に対する変更は、運用前に安全な環境で試験する
④例外的な状況を除き、運用システムの環境で試験を行わない
⑤運用システムでは、コンパイラ、エディタ、開発ツール、システムユーティリティを使用できないようにする
⑥運用システムと試験システムでは、異なるユーザープロファイル（ユーザーごとのデータや設定）を用いる。また、誤操作によるリスクを低減するために、メニューには適切な識別を表示する
⑦取り扱いに慎重を要するデータは、運用システムと同等の管理策が備わっていない限り、試験システム環境に複写しない

情報処理設備の操作を文書化してセキュリティを保つ

48 A.12.2 マルウェアからの保護

A.12.2「マルウェアからの保護」では、情報や情報処理設備をマルウェアから保護することを確実にするための管理策を決定し、実施することを規定しています。

A.12.2.1 マルウェアに対する管理策

マルウェアとは、コンピュータウィルス、ワーム、トロイの木馬、スパイウェア、キーロガー、バックドア、ボットなどの悪意あるプログラムの総称です。

A.12.2.1「マルウェアに対する管理策」では、組織の情報やソフトウェアを保護するために、**マルウェアのリスクを利用者に認識させる**ことと、**検出、予防、回復のための管理策を実施**するように要求しています。

マルウェアの管理策では、対策ソフトウェアを導入し、定義ファイルを常に最新に保つことが必須です。しかし、さまざまな感染経路があるため、不審なメールは開封しないなど、対策ソフトウェアでは十分でない対策について利用者に認識してもらい、ルールを順守してもらう必要があります。

■ マルウェアの感染経路

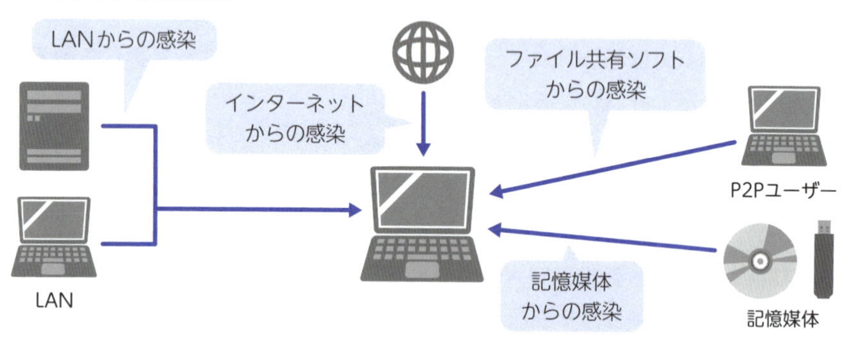

まとめ ▶ 利用者にマルウェアのリスクを適切に認識させる

49 A.12.3 バックアップ

A.12.3「バックアップ」では、事業の規模や内容、保有する資産に応じた頻度や範囲で、情報やソフトウェア、システムのバックアップの管理策を決定し、実施することを規定しています。

A.12.3.1 情報のバックアップ

A.12.3.1「情報のバックアップ」では、ソフトウェアや各システムに保存されている情報の**バックアップを定期的に取得し、検査する**ことを要求しています。

バックアップは、自然災害、システム障害または外部からの攻撃などによるデータ消失のリスクに対して有効な対策で、組織は次の①〜④を考慮したバックアップ方針を策定することが望ましいです。

①バックアップ情報の正確かつ完全な記録と、バックアップからのデータ復旧手順を作成する。復旧手順は定期的に試験する
②セキュリティや事業継続に対する重要性に応じて、バックアップの範囲（フルまたは差分など）と頻度を決定する
③バックアップ情報は、災害被害から免れるため、システムから十分に離れた場所に保管する
④バックアップには、物理的および環境的保護を実施する

■ バックアップ対策のイメージ

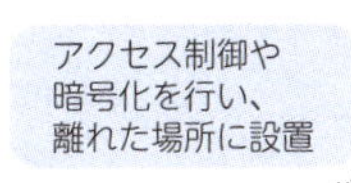

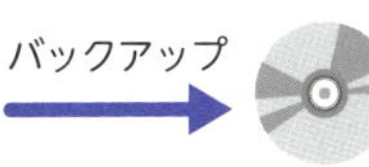

まとめ ▶ データ消失を防ぐため、定期的に情報のバックアップを取得する

50 A.12.4 ログ取得及び監視

A.12.4「ログ取得及び監視」では、認可されていない活動を検出するため、イベントログの取得、ログ情報の保護、実務管理者や運用担当者の作業ログ、クロックの同期といった管理策について規定しています。

A.12.4.1 イベントログ取得

A.12.4.1「イベントログ取得」では、認可されていないアクセスや情報漏えいの兆候を検出したり、インシデントの発生原因を調査したりするために、利用者の活動、例外処理、過失および情報セキュリティ事象を記録した**イベントログを取得し、定期的にレビューする**ことを要求しています。

取得するイベントログには、次の①〜⑥を含めることが望ましいとされていますが、これらに限らず必要な範囲で取得して、アクセスの監視を行うことが重要です。

①利用者ID
②日時・操作内容
③アプリケーションの利用
④特権の利用
⑤アクセスしたファイルと操作内容
⑥システムアクセスの成功・失敗

イベントログは、パソコンやシステムの標準機能で基本的な情報を取得できますが、レビューについては、手間と時間のかかる活動であるため費用がかかります。ログ管理ツールなど、セキュリティ関連のソフトウェアの導入を検討してもよいでしょう。

■ イベントログの取得

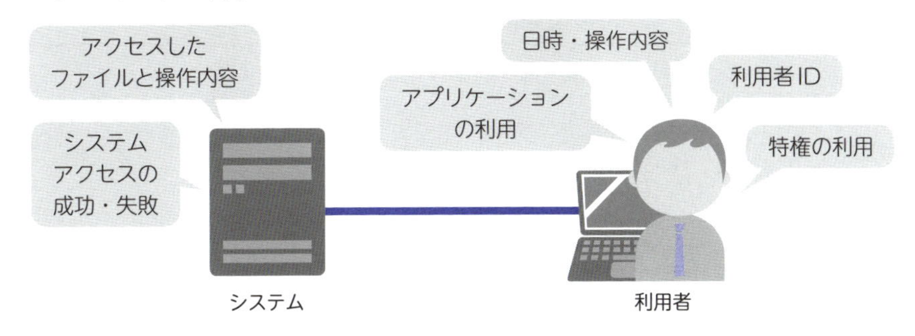

A.12.4.2 ログ情報の保護

A.12.4.2「ログ情報の保護」では、ログ機能やログ情報を、改ざんや認可されていないアクセスから保護するように要求しています。

ログ情報は、法的証拠として利用される可能性もあるため、次の①～③を実施できていることが望ましいです。

①記録されたメッセージ形式の変更、ログファイルの編集または削除、イベント記録の不具合、過去のイベント記録への上書き、ログ記録容量の不足などによるログ情報の喪失を防止する
②A.16.1.7「証拠の収集」やA.18.1.3「記録の保護」を満たすように、ログ情報を保護する
③実務管理者（administrator）や運用担当者（operator）の管理外にあるシステムに、ログを逐次複製（アーカイブ）する

■ ログ情報の保護

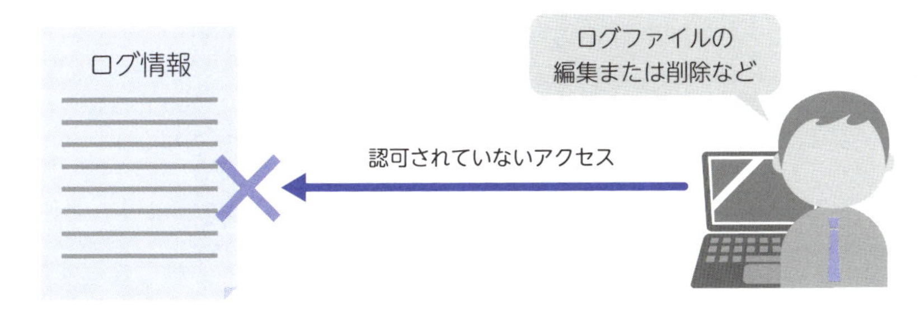

A.12.4.3 実務管理者及び運用担当者の作業ログ

A.12.4.3「実務管理者及び運用担当者の作業ログ」では、システムの実務管理者や運用担当者の作業について記録し、そのログを保護し、定期的にレビューすることを要求しています。

システムの操作に特権を与えられた利用者がログを操作できる場合もあります。不正を行った場合、組織に大きな影響が発生する可能性がありますが、本規格は内部不正を牽制し、抑止効果を期待した管理策となっています。

A.12.4.4 クロックの同期

A.12.4.4「クロックの同期」では、セキュリティ領域内の関連するすべての情報処理システムのクロックを、単一の参照時刻源と同期させるように要求しています。

イベントログは、情報への不正アクセス、持ち出し、漏えいなどが発生した場合の調査のほか、法令や懲戒に関わる場合の証拠として必要となる場合もあり、時刻が不正確なイベントログは、調査を妨げるだけでなく、証拠としての信頼性を損なう場合があります。

信頼性を損なわないために時刻を同期させる方法としては、**時刻同期プロトコル（NTP：Network Time Protocol）**によって、時刻の国家標準に基づく時報と同期したNTPサーバ（マスタクロック）とすべてのサーバを同期させるのがよいでしょう。

■ NTPサービス（時刻同期サーバ＆時刻同期クライアント）

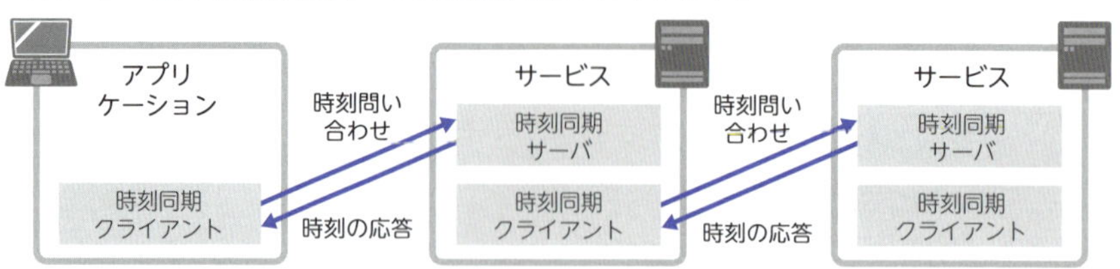

▶ 不正使用を防ぐため、ログを取得して厳格に管理する

51 A.12.5 運用ソフトウェアの管理

A.12.5「運用ソフトウェアの管理」では、使用している運用システムの完全性を保つため、本番環境へのソフトウェア導入についての管理策を決定し、実施することを規定しています。

A.12.5.1 運用システムに関わるソフトウェアの導入

A.12.5.1「運用システムに関わるソフトウェアの導入」では、運用システムへのソフトウェアの導入や変更を管理するための手順を明確にし、実施するように要求しています。

運用システムとは、運用中の情報システムを指し、それらのシステムで動作するソフトウェア（オペレーティングシステム（OS）、ミドルウェア、アプリケーションソフトウェア）を総称して運用ソフトウェアと呼んでいます。

ソフトウェアの完全性を保つためには、導入や更新について十分に注意する必要があります。権限のない者が運用ソフトウェアを更新すれば、システムそのものを破壊することになりかねないため、慎重な運用管理が必要となります。

■ 運用システムへのソフトウェアの導入・変更管理の手順の例

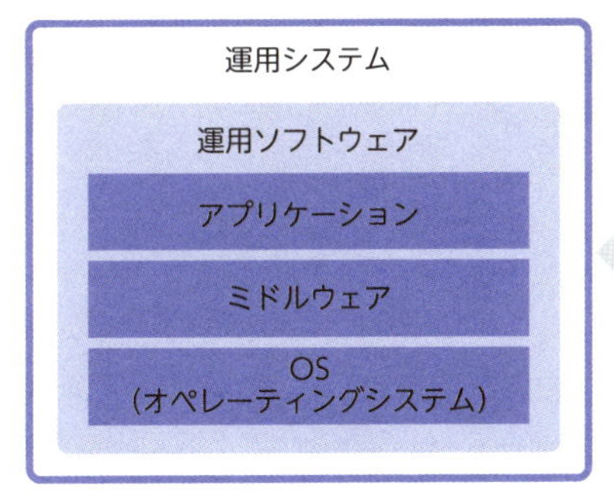

①管理層の認可に基づき、力量のある実務担当者が実施する
②別のシステムで十分に試験してから運用システムに導入する
③外部の業者から供給されるソフトウェアは、サポートレベルを維持する
④パッチを適用し、セキュリティ上の弱点を除去するか、低減させる

まとめ ソフトウェアの導入や更新時の手順を明確にしておく

52 A.12.6 技術的ぜい弱性管理

A.12.6「技術的ぜい弱性管理」では、情報システム内のソフトウェアにあるさまざまな技術的ぜい弱性に関して、これを悪用した攻撃に対する管理策について規定しています。

A.12.6.1 技術的ぜい弱性の管理

A.12.6.1「技術的ぜい弱性の管理」では、利用中の情報システムのぜい弱性に関する情報は、時機を失せずに獲得し、そのぜい弱性を評価して、適切な手段を取ることを要求しています。

情報システム内のソフトウェアにはさまざまなぜい弱性があり、これを悪用した攻撃が一般的です。発見されるたびに対策が必要かどうかを評価し、対応し続ける必要があります。

ぜい弱性の情報源は、情報処理推進機構（IPA）が公開している**脆弱性対策**（https://www.ipa.go.jp/security/vuln/）などから入手するか、ソフトウェアベンダーが提供している**セキュリティパッチ（修正プログラム）**を入手して、ぜい弱性が引き起こすリスクを比較評価して適用することになります。

利用可能なセキュリティパッチがない場合は、ぜい弱性に関係するサービスや機能を停止したり、ファイアウォールなどでアクセス制御を調整または追加したりするなど、ぜい弱性に対する認識を高めて、攻撃を検知するための監視を強化する必要があります。

■ 技術的ぜい弱性管理のイメージ

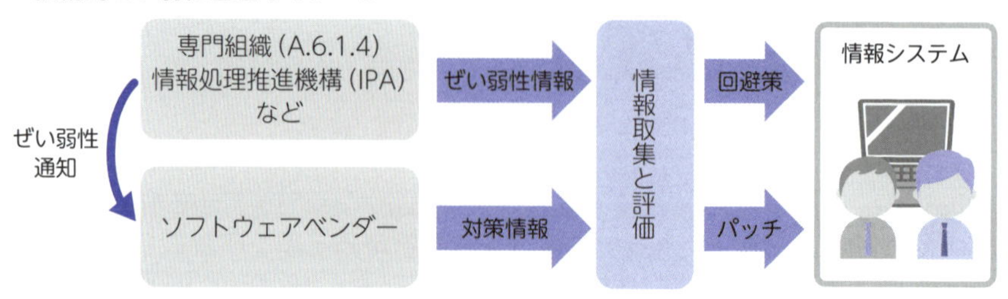

A.12.6.2 ソフトウェアのインストールの制限

A.12.6.2「ソフトウェアのインストールの制限」では、利用者が勝手にソフトウェアをインストールした結果、組織にもたらされるであろう悪影響を避けるために、利用者によるソフトウェアのインストールを管理する規制を確立して、実施するように要求しています。

ISO/IEC 27002（情報セキュリティ管理策の実践のための規範）では、ソフトウェアのインストール制限について、次の①〜④を実施することが望ましいとしています。

①組織は、利用者がインストールしてもよいソフトウェアの種類について、厳密な方針（利用してもよいソフトウェアの限定、有償・無償にかかわらず事前に管理者に申請など）を定める。インストールの方針には、パソコン以外にタブレット端末やスマートフォンを含めるのが望ましい

②特権の許可を最小限にすることで、ソフトウェアの無許可のインストールを防止する

③特権が許可された利用者に、インストールできるソフトウェアの種類のうち、許可するもの（既存ソフトウェアの更新、セキュリティパッチの適用など）および禁止するもの（個人利用のためのソフトウェア、インストールを禁止とするソフトウェアなど）を特定する

④特権は、関連する利用者の役割を考慮したうえで付与する

■ ソフトウェアのインストール制限のイメージ

インストール方針の例

①標準ソフトウェアと定めたもの以外は原則使用しない

②標準ソフトウェア以外で、業務上必要なソフトウェアは、有償・無償にかかわらず、インストール前に申請し、一時的に特権の付与を受ける

③ソフトウェアの更新、セキュリティパッチの適用は、管理者から指示があったものに限定する

まとめ ▶ ソフトウェアに潜むリスクを低減させるため、適切な管理が必要

53 A.12.7 情報システムの監査に対する考慮事項

A.12.7「情報システムの監査に対する考慮事項」では、情報システムを対象にした監査において、運用システムやシステム内の情報の誤用を防止する管理策を定めるように規定しています。

A.12.7.1 情報システムの監査に対する管理策

A.12.7.1「情報システムの監査に対する管理策」では、運用システムについて、組織の内部要員、または外部に依頼して監査したり、ISMS認証機関の審査を受け入れたり、法的根拠を持った捜査当局の強制的な検査・監査・審査などを受けたりする場合などの注意事項について述べています。

具体的には、運用システムの検証をともなう**監査活動による業務中断を最小限に抑える**ため、監査は慎重に計画し、運用システムに責任ある管理者と監査の責任者が考慮すべきことについて合意するように要求しています。

情報システムの監査では、運用システムが監査の対象となるため、「技術検査における試験範囲の限定」「誤用を防止するために読み出し専用のアクセスに限定」「業務中断を最小限とするため日時について関係者と合意」「証跡を残すためにアクセスログを取得」などを実施することが望ましいです。

運用システムの監査を受ける際に、被監査側は次の①〜②を考慮する必要があります。

①監査人が予定の監査目的を達成できるように、被監査側として協力する
②監査人が運用システムに好ましくない影響を与えないように、監査方法について、要求事項や代替案を提案する

まとめ ▶ 運用システムに影響が出ないように監査は慎重に行う

A.13 通信のセキュリティ

「A.13 通信のセキュリティ」では、ネットワークへの不正アクセスや情報の不正利用を防ぐための対策について規定されており、2つの管理目的で構成されています。

54 A.13.1 ネットワークセキュリティ管理

A.13.1「ネットワークセキュリティ管理」では、ネットワークに流れる情報の保護、およびネットワークを支える情報処理設備の保護を確実にするための管理策について規定しています。

A.13.1.1 ネットワーク管理策

A.13.1.1「ネットワーク管理策」では、システムやアプリケーション内の情報を保護するために、ネットワークを管理し、制御することを要求しています。

ISO/IEC 27002（情報セキュリティ管理策の実践のための規範）では、組織のネットワークにおける情報のセキュリティや、**認可されていないネットワークサービスの利用から情報を保護**するために、次の①～⑦を考慮することが望ましいとしています。

①ネットワーク設備（外部委託も含む）の管理に関する責任および手順を明確にして、実施する

②ネットワークとコンピュータの運用責任を分離して、内部不正を防止する（牽制機能の整備）

③公衆ネットワークまたは無線ネットワークを通過するデータの盗聴による漏えい、紛失・破壊といった脅威からの保護、並びにネットワークを介して接続したシステムおよびアプリケーションを保護するための暗号化（10.1「暗号による管理策」）や、情報転送の管理策（A.13.2「情報の転送」）を決定し、実施する。また、ネットワークサービスの可用性およびネットワークを介して接続したコンピュータの可用性を維持するためには、ネットワークやシステムの冗長化（A.17.2「冗長性」）について、検討が必要な場合もある

④情報セキュリティに影響をおよぼす可能性のある行動、または情報セキュリティに関連した行動を記録・検知できるように、適切なログを取得して監視する。具体的には、ゲートウェイサーバなどに、いつ・誰が・どこに対して

(接続元、接続先)・どのような通信を行ったのかのログを取得する

⑤組織のネットワークサービスを最適にするために、さまざまな管理策を個々に導入するのではなく、一貫した方針に基づいて、ネットワークセキュリティの管理策を決定し、導入する

⑥ネットワーク上のシステム(装置)を認証する。たとえば、MACアドレスなどの装置固有の識別子を用いる

⑦ネットワークへのシステムの接続を制限する

■ネットワーク管理策のイメージ

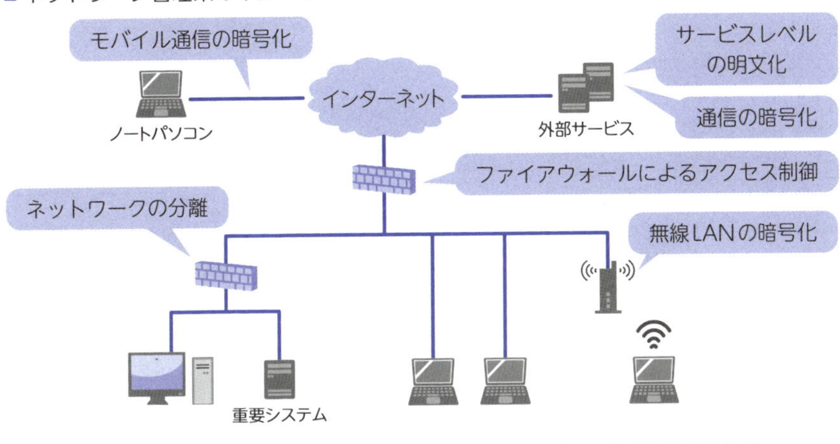

A.13.1.2 ネットワークサービスのセキュリティ

A.13.1.2「ネットワークサービスのセキュリティ」では、組織が提供しているか外部委託先から提供されているかを問わず、利用しているすべてのネットワークサービス(インターネット、メール、無線LAN、専用線、IP電話など)について、セキュリティ機能やサービスレベル、および管理上必要な事項を特定することを要求しています。

外部委託先から提供されているネットワークサービスでは、**サービスレベル合意書(SLA:Service Level Agreement)**として明確になっていることが望ましいです。

A.13.1.3 ネットワークの分離

A.13.1.3「ネットワークの分離」では、情報サービスや利用者、および情報システムを、ネットワーク上でグループごとに分離することを要求しています。

業務情報への認可されていないアクセスを防止するため、ネットワークの分離には、**物理的に接続しない方法**と、ファイアウォールなどで**論理的にアクセスを制御する方法**があります。また、無線LANについては、とくに注意を払う必要があります。

■ ネットワークの物理的な分離と論理的な分離

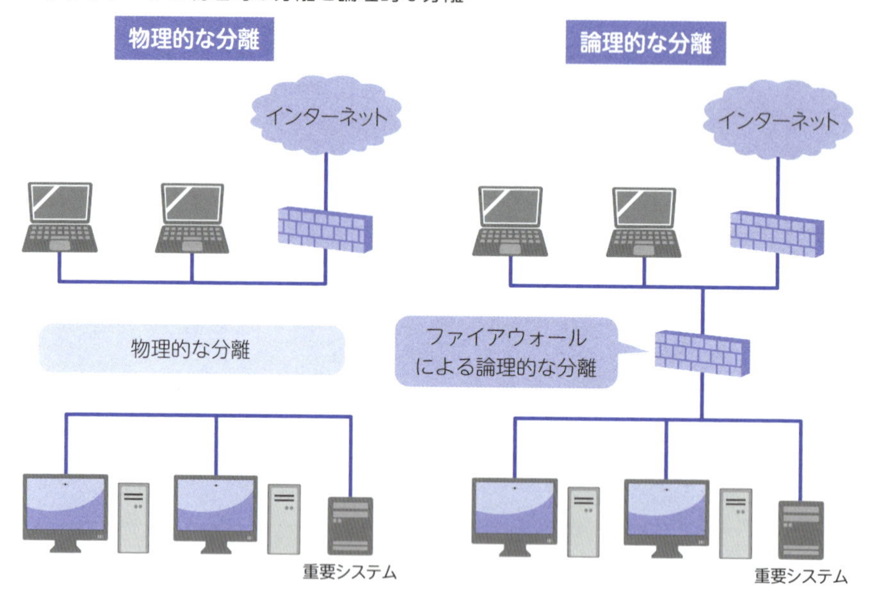

まとめ

- ネットワークを適切に管理して情報を保護する
- セキュリティなどのサービスレベルを明確にして要求する
- ネットワークはグループごとに分離させる

55 A.13.2 情報の転送

A.13.2「情報の転送」では、組織の内部および外部に対する通信設備を利用した情報の転送と、物理的な媒体の移送に関するセキュリティを維持するための管理策について規定しています。

A.13.2.1 情報転送の方針及び手順

A.13.2.1「情報転送の方針及び手順」では、あらゆる形式の通信手段を利用した**情報転送を保護**するために、正式な転送方針や手順、および管理策を備えるように要求しています。

組織では、さまざまな通信設備（電子メール、音声（IP電話）、ファクシミリ、ビデオ（TV会議）、Webサイトからのダウンロードやアップロードなど）を利用した情報転送が行われています。すべての情報転送について、サービスへのアクセス制御、誤送信対策、パスワードの設定、暗号化の採用、利用者への周知・認識の徹底などの管理策を決定し、手順を定める必要があります。

ISO/IEC 27002（情報セキュリティ管理策の実践のための規範）では、情報転送の方針および手順について、次の①〜⑪を考慮することが望ましいとしています。

①転送する情報を、盗聴、複製、改ざん、誤った経路での通信および破壊から保護する手順
②電子的メッセージ通信をマルウェアから保護するための手順
③取り扱いに慎重を要する添付ファイルを保護する手順
④許容できる通信設備の利用について規定した方針または指針
⑤名誉き（毀）損、嫌がらせ、なりすまし、チェーンメールの転送、架空購入など、組織を危うくするような行為の禁止
⑥暗号技術の利用
⑦法令および規制に従った、業務通信文の保持および処分

⑧通信設備の利用（外部への自動転送など）に関する制限
⑨秘密情報の漏えい予防策について要員へ周知すること
⑩秘密情報を含んだメッセージを留守番電話に残さないこと
⑪ファクシミリの誤ダイアル、番号間違いによるメッセージの誤送付、取り違い防止について要員へ周知すること

■ 情報転送の方針および手順の範囲のイメージ

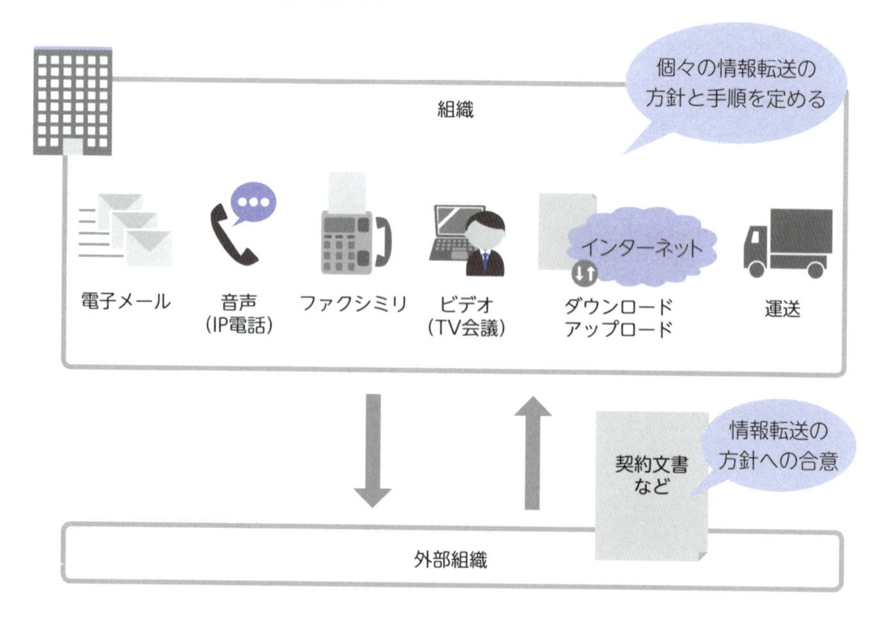

A.13.2.2 情報転送に関する合意

A.13.2.2「情報転送に関する合意」では、組織と外部関係者の間で、セキュリティを保った情報の転送についての合意を取ってから、情報を取り扱うように要求しています。なお、情報転送には、ネットワークを介した電子的な情報の転送だけでなく、**情報を格納した媒体の輸送**（A.8.3.3「物理的媒体の輸送」）も含まれています。

外部関係者との合意を正式な契約書とする場合もありますが、合意の意思がわかるものがあれば、電子的なものでも問題ありません。

A.13.2.3 電子的メッセージ通信

A.13.2.3「電子的メッセージ通信」では、業務上のコミュニケーションの役割を果たしている電子メールやソーシャルネットワーク、ファイル共有などの**電子的メッセージ通信に含まれる情報について、適切に保護する**ように要求しています。

ISO/IEC 27002（情報セキュリティ管理策の実践のための規範）では、次の①～⑤を実施することが望ましいとしています。

①認可されていないアクセス、改ざんまたはサービス妨害からメッセージを保護するために、送受信の際、認証や暗号化などを実施する
②正しい送付先およびメッセージ送信を確実にするために、送受信手順を定め、順守させる
③サービスの信頼性および可用性を維持する。たとえば、添付ファイルに容量制限を設けて、ネットワークに高負荷をかけないようにする
④誰でも利用できるインスタントメッセージ、ソーシャルネットワーク、ファイル共有など、組織が管理できないサービスの利用を禁止するか、事前承認を求める
⑤メッセージ通信の利用方針に対する違反を監視する。この場合、監視することについて組織内に周知する

■電子メールの対策例

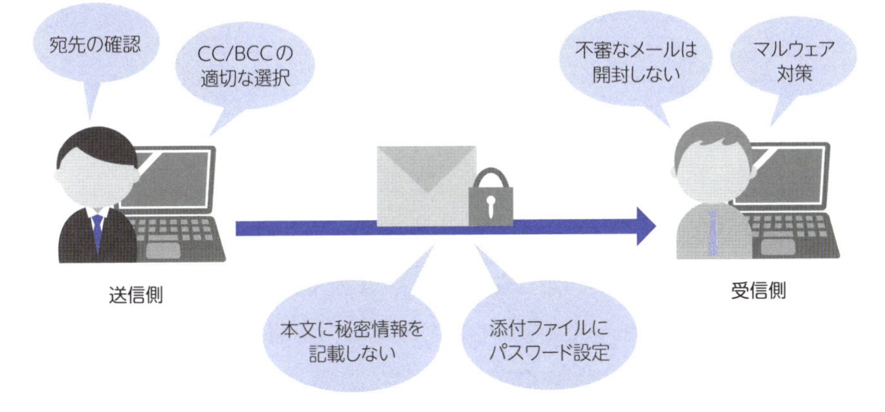

A.13.2.4 秘密保持契約又は守秘義務契約

A.13.2.4「秘密保持契約又は守秘義務契約」では、情報保護に対する組織の要件を反映した**秘密保持契約又は守秘義務契約**を決定し、定めに従って見直し、文書化することを要求しています。また、秘密保持契約又は守秘義務契約は、一般的にNDA（Non-Disclosure Agreement）と呼ばれます。

アクセス権を持った従業員や外部組織の悪意によって組織の情報が漏えいしてしまうリスクを軽減するために、NDAの締結は重要です。

組織は、外部組織と業務委託契約を締結する場合や、締結前に情報開示が必要となった場合に、NDAを締結するのが一般的です。一方、従業員に対しては、雇用契約時にNDAの一種として**誓約書**の提出を要求するのが一般的です。

NDAや誓約書のテンプレートを作成する際は、組織内の法務部門や弁護士などの専門家の意見をもらい、定期的に内容の確認を行いましょう。

■ 秘密保持契約又は守秘義務契約の取得

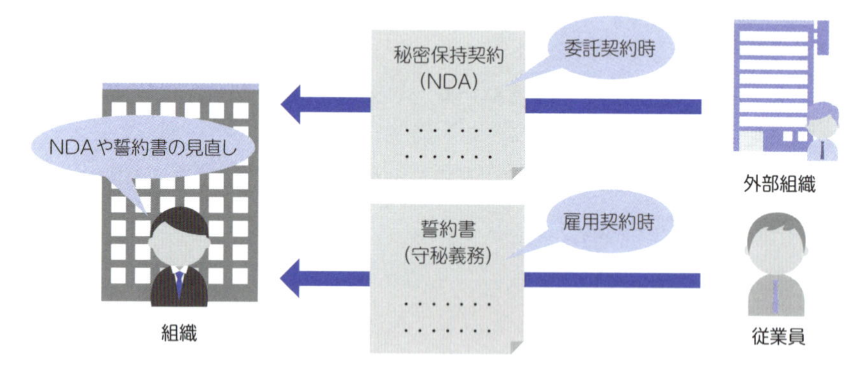

まとめ

- 転送の方針や手順を定め、情報の漏えいや不正使用を防止する
- 電子的メッセージ内の情報は適切な対策を施すことで保護する
- 情報漏えいを防ぐためにNDAを締結し、定期的に見直す

16章

A.14 システムの取得、開発及び保守　A.15 供給者関係

「A.14 システムの取得、開発及び保守」では、情報システムにおけるセキュリティについて規定されており、3つの管理目的で構成されています。「A.15 供給者関係」では、業務や業務システムを外部に委託する際の情報セキュリティについて規定されており、2つの管理目的で構成されています。

56 A.14.1 情報システムのセキュリティ要求事項

A.14.1「情報システムのセキュリティ要求事項」では、情報システムへのセキュリティの組み込みを確実にするために、セキュリティの分析や仕様化、公衆ネットワーク利用の考慮事項などの管理策について規定しています。

A.14.1.1 情報セキュリティ要求事項の分析及び仕様化

情報システムには、オペレーティングシステム、システム基盤、業務用ソフトウェア、既成の製品、サービスおよび利用者が開発したソフトウェアが含まれます。

A.14.1.1「情報セキュリティ要求事項の分析及び仕様化」では、**新しい情報システムの取得・開発または既存の情報システムを改善する初期段階で、情報セキュリティに関連する要求事項を明確にする**ように要求しています。

情報システムに求める情報セキュリティは、関連する情報の事業や業務上の価値、セキュリティが不十分だった場合に、事業や業務におよぶ可能性のある好ましくない影響を考慮する必要があります。

また、既成の製品を導入（取得）する際は、供給者から提案された製品が、組織が要求するセキュリティの機能を満たすかどうかを確認し、満たさない場合は再考することが必要です。

■ 情報システムの取得・開発・変更で考慮するセキュリティ要求事項の例

情報システム

①システムの利用者認証で利用者が提示する識別情報の信頼レベル

②業務上の利用者のほか、特権を与えられた利用者および技術を持つ利用者に対する、アクセスの提供および認可のプロセス

③業務内容から求められる要求事項（ログ取得および監視、情報漏えいの検知システムなど）

A.14.1.2 公衆ネットワーク上のアプリケーションサービスのセキュリティの考慮

A.14.1.2「公衆ネットワーク上のアプリケーションサービスのセキュリティの考慮」では、インターネットを介してアクセスされるアプリケーションに含まれる情報について、保護することを要求しています。

インターネット上のアプリケーションサービスには、Webサイトによる情報発信や提供、サイバーモールへの出店、ショップサイトの開設、Web上のメールサービスやストレージサービス、グループウェアサービスなどが該当します。

これらのサービスには、**不正行為**や**契約紛争（申し込みの否認など）**、**認可されていない情報の開示や変更**など、さまざまな脅威が考えられるため、次の①～⑤を考慮することが望ましいです。

①認証などの識別情報の信頼レベル
②重要な取引文書の内容の承認、発行する文書の署名者
③申込手続き・契約手続きなどにおいて、申込・契約をしたことの証拠となる重要な文書の機密性・完全性、発送・受領の証明、申込や契約の否認防止に関する要求事項の決定
④注文処理の情報、支払情報、納入先の宛名情報や受領確認の機密性と完全性
⑤不正行為を防ぐための適切な決済方式の選定

■ Webアプリケーションサービスのセキュリティ考慮のイメージ

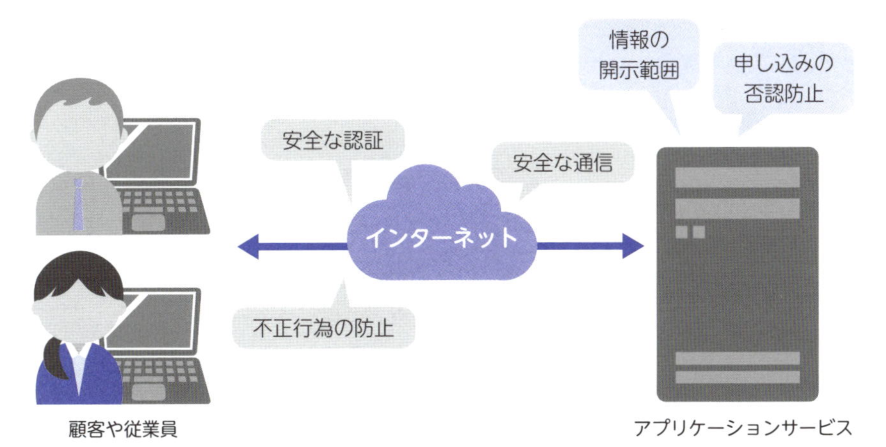

A.14.1.3 アプリケーションサービスのトランザクションの保護

A.14.1.3「アプリケーションサービスのトランザクションの保護」では、トランザクションに含まれる情報について、**①不完全な通信**、**②誤った通信経路**、**③認可されていないメッセージ（処理結果の通知）の変更・複製・再生・開示**から保護することを要求しています。

トランザクションとは、複数の処理を1つの処理単位にまとめて、矛盾なく処理することを意味します。たとえば、注文数を入力すると、在庫データを同じ数だけマイナスにするといった処理を1つにまとめてくれます。処理が別々になっていると、在庫処理に障害が発生した際に、受注処理は行われても、在庫数が正しく処理されないために欠品扱いになってしまうなど、業務に支障をおよぼす場合があります。

■ トランザクション処理のイメージ

受注処理と在庫処理を別の処理として扱った場合、在庫処理で障害が発生すると、受注連絡していても在庫が更新されない

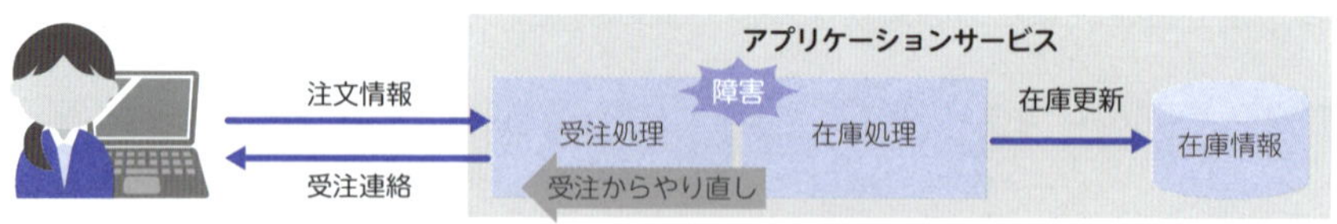

受注処理と在庫処理を1つの処理とし、在庫更新が完了するまで受注連絡はしないようにする。途中で障害が発生した場合は、受注処理からやり直す

アプリケーションサービスは、処理漏れや二重処理、中途処理などを起こさないという完全性や、メッセージ（受注内容や請求書、登録情報の変更内容など、利用者に通知する処理結果）の機密性の維持が必要です。そのため、トランザクションに含まれる情報についても、保護が求められます。

57 A.14.2 開発及びサポートプロセスにおけるセキュリティ

A.14.2「開発及びサポートプロセスにおけるセキュリティ」では、情報システムの開発サイクルの中で情報セキュリティを設計し、実施することを確実にするための管理策について規定しています。

A.14.2.1 セキュリティに配慮した開発のための方針

A.14.2.1「セキュリティに配慮した開発のための方針」では、組織が利用する**ソフトウェアやシステムの開発規則**を確立して、開発する際に適用するよう要求しています。

ISO/IEC 27002（情報セキュリティ管理策の実践のための規範）では、セキュリティに配慮した開発のための規則について、次の①～⑧を考慮することが望ましいとしています。

①開発環境のセキュリティ
②ソフトウェア開発の次にかかわる手引き
—ソフトウェア開発の方法論におけるセキュリティ
—セキュリティに配慮したコーディングに関する指針
③設計段階で検討するセキュリティ要求事項
④プロジェクトの開発の節目ごとのセキュリティの確認項目
⑤セキュリティが保たれたリポジトリ（仕様・デザイン・ソースコード・テスト情報・インシデント情報など、システムの開発プロジェクトに関連するデータの一元的な貯蔵庫）
⑥バージョン管理におけるセキュリティ
⑦アプリケーションのセキュリティに関して必要な知識
⑧ぜい弱性の回避と、発見および修正するにあたっての開発者の能力

A.14.2.2 システムの変更管理手順

A.14.2.2「システムの変更管理手順」では、システムの変更について、正式な変更管理手順を用いて管理することを要求しています。

システムやアプリケーション、製品の完全性を確実にするためには、初期設計段階からその後の保守業務に至るまでの**正式な変更管理手順を文書化**し、実施することが必要です。

ISO/IEC 27002（情報セキュリティ管理策の実践のための規範）では、システムの変更管理手順について、次の①～⑨を考慮することが望ましいとしています。

①手順で定められた記録を維持する
②変更は、認可されている利用者が提出し、管理策および完全性に関する手順が損なわれないことをレビューする
③修正を必要とするすべてのソフトウェア、情報、データベースおよびハードウェアを特定する。また、セキュリティ上の既知の弱点を最少化するために、セキュリティがとくに重要とされるコードを特定し、点検する
④作業を開始する前に、提案の詳細について正式な承認を得る。また、変更を実施する前に、認可されている利用者がその変更を受け入れることを確実にする
⑤システムに関する文書一式が変更の完了時点で更新される。古い文書類は記録として保管または処分する
⑥ソフトウェアの更新について、バージョンを管理する
⑦すべての変更要求の監査証跡を維持・管理する
⑧操作手順書や利用者手順を、適切な内容に変更する
⑨変更の実施はもっとも適切な時期に行い、関係する業務処理を妨げないことを確実にする

A.14.2.3 オペレーティングプラットフォーム変更後のアプリケーションの技術的レビュー

A.14.2.3「オペレーティングプラットフォーム変更後のアプリケーションの技術的レビュー」では、オペレーティングプラットフォーム（オペレーティングシステム（OS）、データベース、ミドルウェアプラットフォームも含む）を変更する際、業務の運用やセキュリティに影響がないことを確実にするために、**重要なアプリケーションをレビューし、試験する**ことを要求しています。

ISO/IEC 27002（情報セキュリティ管理策の実践のための規範）では、アプリケーションの技術的レビューについて、次の①～③を含めることが望ましいとしています。

①オペレーティングプラットフォームの変更によって、アプリケーションの機能および処理の完全性が損なわれていないことと、関係する手続きについてレビューする

②実施前に適切な試験およびレビューを行っても間に合うように、オペレーティングプラットフォームの変更を通知する

③事業継続計画（A.17.1「情報セキュリティ継続」）に関するシステム復旧手順などについて、適切に変更する

■アプリケーションの技術的レビューのイメージ

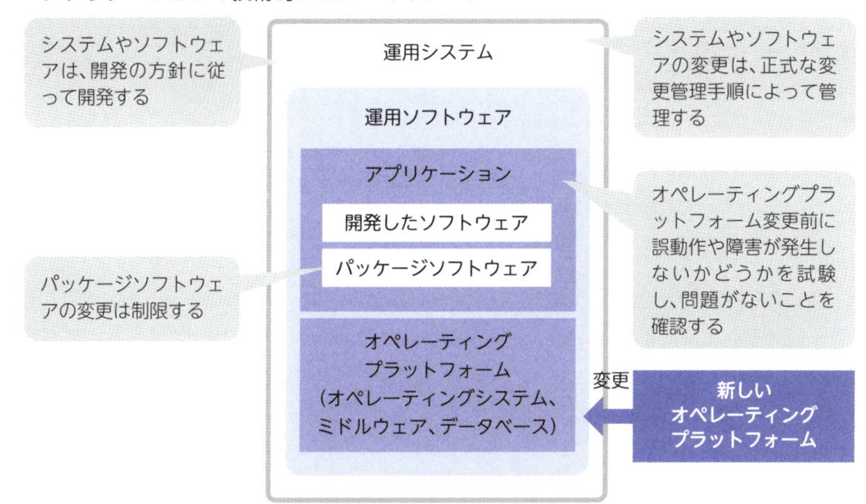

A.14.2.4 パッケージソフトウェアの変更に対する制限

A.14.2.4「パッケージソフトウェアの変更に対する制限」では、パッケージソフトウェアの変更を抑止して、必要な変更だけに制限することと、すべての変更を管理することを要求しています。

ベンダーが供給するパッケージソフトウェアを変更（アドオンなど）した場合、サポートが行われなくなり、組織がすべての責任を負う可能性があることを考慮する必要があります。従って、**業務上、不可欠な理由がない限りは変更しないで用いる**ことが望ましいです。変更する場合は、元のソフトウェアを保存することと、すべての変更を完全に文書化しておく必要があります。

ISO/IEC 27002（情報セキュリティ管理策の実践のための規範）では、パッケージソフトウェアの変更について、次の①～⑤を考慮することが望ましいとしています。

①組み込まれている機能および処理の完全性が損なわれるリスク
②ベンダーの同意
③標準的なプログラム更新として、ベンダーから必要とされる変更が得られる可能性
④変更の結果、将来のソフトウェアの保守に対して、組織が責任を負うことになるかどうかの影響
⑤用いている他のソフトウェアとの互換性

■ パッケージソフトウェアへの変更に対する制限

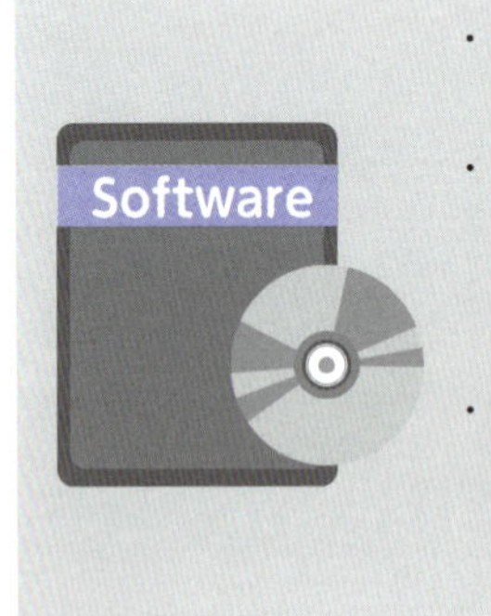

・業務上、不可欠な理由がない限り、変更しない
・変更する場合は、ベンダーからのサポートが受けられるのかといったリスクを考慮して変更する
・変更した場合、他のソフトウェアとの互換性に問題がないか、十分な試験を実施する

導入

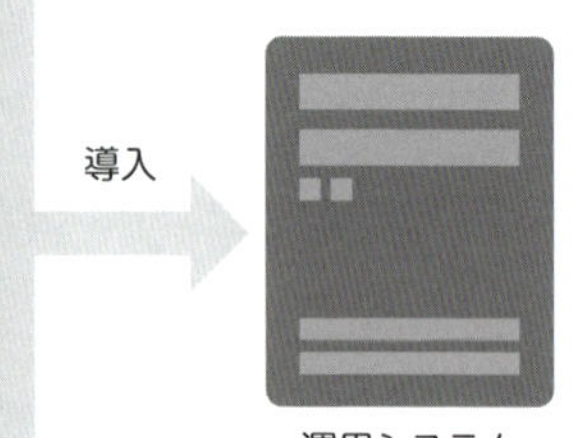

運用システム

A.14.2.5 セキュリティに配慮したシステム構築の原則

A.14.2.5「セキュリティに配慮したシステム構築の原則」では、セキュリティに配慮した**システムを構築するための原則を確立し、文書化し、維持し、すべての情報システムの実装に対して適用**することを要求しています。

ISO/IEC 27002（情報セキュリティ管理策の実践のための規範）では、セキュリティに配慮したシステム構築の原則について、次の①～③を実施することが望ましいとしています。

①セキュリティに配慮したシステムの構築手順を確立し、文書化し、組織の情報システムの構築活動に適用する
②情報セキュリティの必要性とアクセスの必要性の均衡を保ちながら、業務・データ・アプリケーションおよび技術のアーキテクチャ層（エンタープライズアーキテクチャ）において設計する

■ エンタープライズアーキテクチャ（EA）※の概念

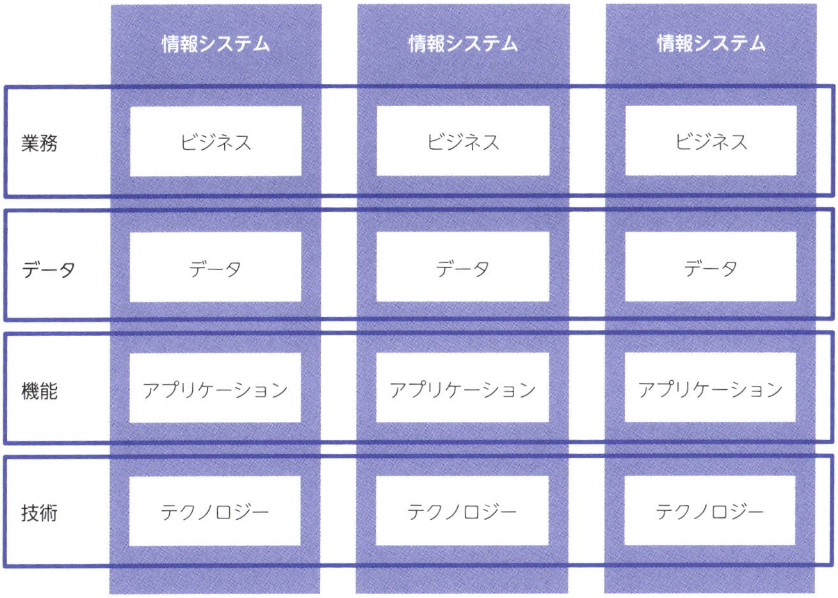

	情報システム	情報システム	情報システム
業務	ビジネス	ビジネス	ビジネス
データ	データ	データ	データ
機能	アプリケーション	アプリケーション	アプリケーション
技術	テクノロジー	テクノロジー	テクノロジー

※エンタープライズアーキテクチャ（EA）：組織の目的を効率よく実現するために、情報システムの全体を「業務」「データ」「機能」「技術」の4つのアーキテクチャ（構造）で認識・可視化し、横断的に最適化を図る手法

③新技術は、セキュリティ上のリスクについて分析し、その設計を既知の攻撃パターンに照らしてレビューする

これらの原則および確立した構築手順は、セキュリティレベルの向上に有効に寄与しているか、技術の進展に適用可能であることを確実にするために、定期的にレビューする必要があります。

A.14.2.6 セキュリティに配慮した開発環境

A.14.2.6「セキュリティに配慮した開発環境」では、システムの開発や統合といったすべての**開発ライフサイクル**（要件定義～設計～製作～テスト）において、セキュリティに配慮した開発環境を確立し、適切に保護することを要求しています。

ISO/IEC 27002（情報セキュリティ管理策の実践のための規範）では、セキュリティに配慮した開発環境について、次の①～⑩を考慮することが望ましいとしています。

①システムによって処理、保管および伝送されるデータの重要性
②適用される法規制や組織の方針
③すでに実施されているシステム開発に関係するセキュリティ管理策
④その環境で作業する要員の信頼性（A.7.1.1「選考」）
⑤システム開発に関連した外部委託の程度
⑥他の開発環境との分離の必要性
⑦開発環境へのアクセスの制御（A.12.1.4「開発環境、試験環境及び運用環境の分離」）
⑧開発環境の変更とそこに保管されたコードに対する変更の監視
⑨セキュリティに配慮した遠隔地でのバックアップの保管
⑩開発環境データの移動の管理

A.14.2.7 外部委託による開発

A.14.2.7「外部委託による開発」では、外部委託したシステム開発を監督し、監視することを要求しています。

システム開発の外部委託は、開発プロセスにおいて、組織で管理できていない場合に、委託したシステムの品質やセキュリティが欠如したり、好ましくないコードが組み込まれたりするリスクがあります。組織は、**委託先が取り交わした契約事項を履行しているか、要求した品質を満たす成果物が期日通り納入されているかを管理**することで、リスクからの保護を図ります。外部委託による開発については、次の①～⑤を考慮することが望ましいです。

①外部委託した内容に関連する使用許諾に関する取り決め、コードの所有権および知的財産権
②セキュリティに配慮した設計、コーディングおよび試験の実施についての契約要求事項
③十分な試験が実施されていることを示す証拠の提出、成果物の質および正確さに関する受入れ試験
④開発のプロセスおよび管理策を監査するための契約上の権利
⑤適用される法令の順守および管理の効率の検証については、組織が責任を負う

■ 外部委託による開発

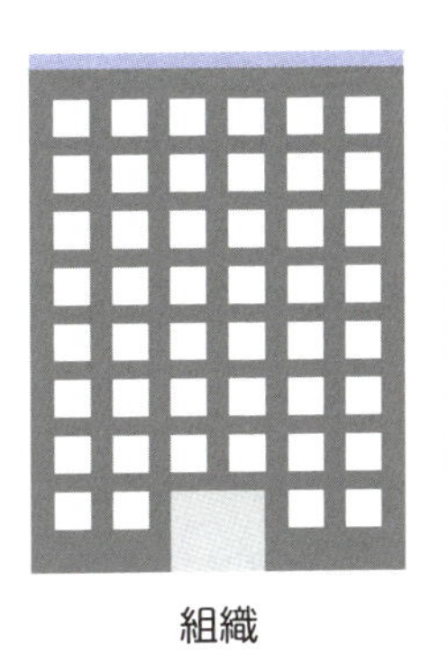

A.14.2.8 システムセキュリティの試験

A.14.2.8「システムセキュリティの試験」では、セキュリティ機能の試験は、**開発期間中に実施**することを要求しています。

ISO/IEC 27002（情報セキュリティ管理策の実践のための規範）では、システムセキュリティの試験について、次の①〜④を考慮することが望ましいとしています。

①新規または更新するシステムでは、一定の条件下での試験活動、試験への入力および予想される出力について、詳細な計画を作成して、開発プロセスにおいて綿密な試験と検証を実施する
②組織内で開発するものについては、最初に開発チームが試験を実施する
③組織内で開発するものおよび外部委託したものの両方について、独立した受入れ試験を実施し、システムが期待通りに動作することを確実にする
④試験の程度は、そのシステムの重要性および性質に見合ったものとする

■ システム開発の試験イメージ

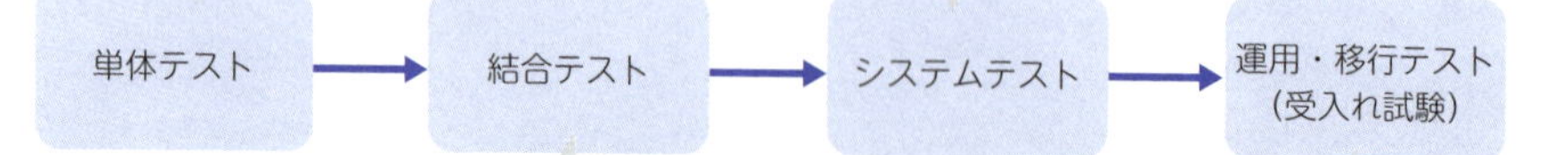

A.14.2.9 システムの受入れ試験

A.14.2.9「システムの受入れ試験」では、新しいシステムやその改訂版・更新版の受入れ試験の方法や基準を確立することを要求しています。

新しいシステムやその改訂版・更新版を導入する場合、運用システム全体の整合性（相性）や潜在する問題によって、システムが正しく動作しなくなる場合があるため、**インストール前に試験を実施**する必要があります。

また、利用者端末のオペレーティングシステム（OS）やアプリケーションのバージョンアップといった大幅な修正についても、インストール前に運用システムが正常に利用できるかを確認する必要があります。

ISO/IEC 27002（情報セキュリティ管理策の実践のための規範）では、システムの受入れ試験について、次の①～④を考慮することが望ましいとしています。

①システムの受入れ試験は、情報セキュリティ要求事項の試験（A.14.1.1「情報セキュリティ要求事項の分析及び仕様化」、A.14.2.9「システムの受入れ試験」）、およびセキュリティに配慮したシステム開発の慣行（A.14.2.1「セキュリティに配慮した開発のための方針」）を順守する
②受け入れた構成部品および統合されたシステムの各々に試験を実施する
③コード分析ツールまたはぜい弱性スキャナのような自動化ツールを利用し、セキュリティに関連する欠陥を修正した場合は、その修正を検証する
④試験は、組織の環境にぜい弱性をもたらさないこと、および試験が信頼できるものであることを確実にするために、現実に即した試験環境で実施する

まとめ

- **ソフトウェアやシステムの開発規則を組織内で確立する**
- **パッケージソフトウェアの変更は、ベンダーからのサポートやリスクを考慮したうえで行う**
- **システム導入時は事前に試験を行う**

58 A.14.3 試験データ

A.14.3「試験データ」では、情報システムのセキュリティ試験や受入れ試験などで用いられる試験データを保護するための管理策について規定しています。

A.14.3.1 試験データの保護

A.14.3.1「試験データの保護」では、情報システムのセキュリティ試験などで用いられる**試験データを注意深く選定し、保護し、管理する**ことを要求しています。

ISO/IEC 27002(情報セキュリティ管理策の実践のための規範)では、試験データについて、次の①～⑥を考慮することが望ましいとしています。

①個人情報またはその他の秘密情報を含んだ運用データは、運用環境とセキュリティレベルが異なる場合があるため、必要性がない場合には、試験目的に用いない
②個人情報またはその他の秘密情報を試験目的で用いる場合には、取り扱いに慎重を要する内容を、消去または改変する
③運用データを試験目的で用いる場合は、運用アプリケーションシステムに適用されるアクセス制御を試験アプリケーションシステムにも適用する
④運用データを試験環境にコピーする場合は、その都度、認可を受ける
⑤運用データで試験する場合は、試験が完了したあと、直ちに試験環境から消去する
⑥運用データの複製および利用は、監査証跡のログを取る

▶ 個人情報や秘密情報が含まれる運用データは試験に用いない

59 A.15.1 供給者関係における情報セキュリティ

A.15.1「供給者関係における情報セキュリティ」では、供給者がアクセスできる組織の情報を保護するために、供給者へのセキュリティ要求や合意の文書化などに関する管理策について規定しています。

A.15.1.1 供給者関係のための情報セキュリティの方針

A.15.1.1「供給者関係のための情報セキュリティの方針」では、組織の情報に対して、供給者のアクセスによるリスクを軽減するための**情報セキュリティ要求事項について、供給者と合意し、文書化する**ことを要求しています。

供給者とは、組織に対して製品またはサービスを供給する企業または個人のことで、供給者関係とは、製品またはサービスの調達・供給に関する、調達者（組織）と供給者の関係のことを指します。

■ 供給者関係のイメージ

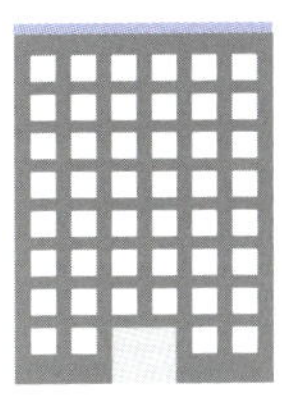

組織
（調達者）

・製品の供給
IT基盤製品（パソコン、サーバ機、通信機器など）

・サービスの供給
情報処理、システムの開発・運用、業務プロセスの委託（BPO）、物流、教育など

供給者

製品の供給者関係には、パソコン、サーバ機、通信機器などのIT基盤製品の供給を受ける場合や、継続的に部品の供給を受ける場合などがあります。

サービスの供給者関係には、情報処理、システムの開発・運用、業務プロセスの委託（BPO：Business Process Outsourcing）、物流、教育など、さまざまなサービスの供給があります。

組織は、供給者関係にともない、組織の情報を供給者の管理下に置くことになり、情報の機密性、完全性、可用性の維持を供給者による管理策の実施に委ねることになります。組織は、供給者関係におけるリスクを軽減するための情報セキュリティ要求事項を文書化することにより、供給者関係を持つ前に、次の①～⑤の事項について決定することが可能になります。

①供給者を利用することの可否（供給者の評価選定）
②供給者に認める情報および資産へのアクセスの範囲
③供給者に適用する情報セキュリティ要求事項または管理策
④組織側で供給者を管理するプロセス
⑤情報セキュリティインシデントなどへの組織および供給者の対処手順と責任範囲

■供給者の評価選定様式の例

情報セキュリティに関する調査票

事業者名	購買・委託内容

1. 保有認証規格		
□ ISO 27001（情報セキュリティ）	□ ISO 27017（クラウド）	□ ISO 20000（ITサービス）
□ ISO 22301（事業継続）	□ Pマーク（個人情報保護）	□その他（　　　　　）

2. セキュリティ対策状況	評価
①セキュリティに関する規定や手順が整備されているか？	
②従業員に対して情報セキュリティに関する教育を行っているか？	
③事務所への入退出管理を行っているか？	
④事務所内で、社員証などによって社内の者か社外の者かの区別をしているか？	
⑤顧客から委託された情報にアクセス制限・施錠保管をしているか？	
⑥紙や記憶媒体で提供した情報について授受記録を作成しているか？	
⑦電子メールへの添付ファイルにパスワードを設定しているか？ 不要な送受信データは削除しているか？	
⑧当社が指定する情報の廃棄・消去・返還方法についての取り決めが順守できるか？	
⑨当社の承諾なく再委託することがないか？	
総合評価	

○：実施できている　△：一部実施できている　×：実施していない　－：対象外

A.15.1.2 供給者との合意におけるセキュリティの取扱い

A.15.1.2「供給者との合意におけるセキュリティの取扱い」では、組織の情報に対して、アクセス・処理・保存・通信を行う、または組織のIT基盤（パソコン、サーバ機、通信機器など）を提供する可能性があるそれぞれの供給者と**情報セキュリティ要求事項を確立して、合意を得る**ことを要求しています。

組織は、個別の供給者関係のセキュリティについて、供給者と次の①～⑦を考慮した契約書や約款にし、文書で合意を得ることが望ましいとしています。

①契約の各当事者に対する、合意した管理策の実施と順守義務
②法的規制の要求事項（データ保護、知的財産権など）
③インシデント管理の要求事項および手順
④情報にアクセスする供給者の要員に対する訓練および意識向上
⑤合意上の問題点の解決と紛争解決の方法
⑥供給者を監査する権利
⑦情報セキュリティに関する連絡先の提示

上記は、主にサービスを念頭に置いています。製品についての供給者との合意には、品質保証など、状況に応じた合意内容を検討して、合意を得る必要があります。

■ 供給者関係の合意のイメージ

組織
（調達者）

合意内容の例
①契約の各当事者に対する、合意した管理策の実施と順守義務
②法的規制の要求事項（データ保護、知的財産権など）
③インシデント管理の要求事項および手順
④情報にアクセスする供給者の要員に対する訓練および意識向上
⑤合意上の問題点の解決と紛争解決の方法
⑥供給者を監査する権利
⑦情報セキュリティに関する連絡先の提示

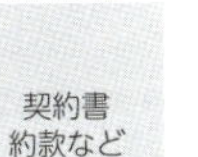

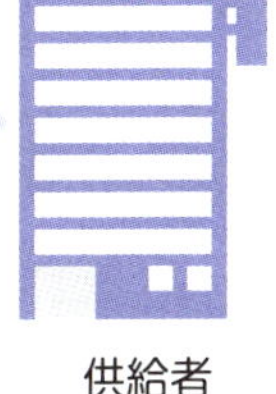

供給者

A.15.1.3 ICTサプライチェーン

A.15.1.3「ICTサプライチェーン」では、供給者との合意に、情報通信技術(ICT)サービスと製品のサプライチェーンに関連するリスクに対処するための要求事項を含めることを要求しています。

サプライチェーンとは、連鎖した供給者関係を指します。たとえば、組織が供給者Aから調達する製品やサービスは、供給者Aが供給者Bから調達した製品やサービスを前提としたものです。

■ ICTサプライチェーンのイメージ

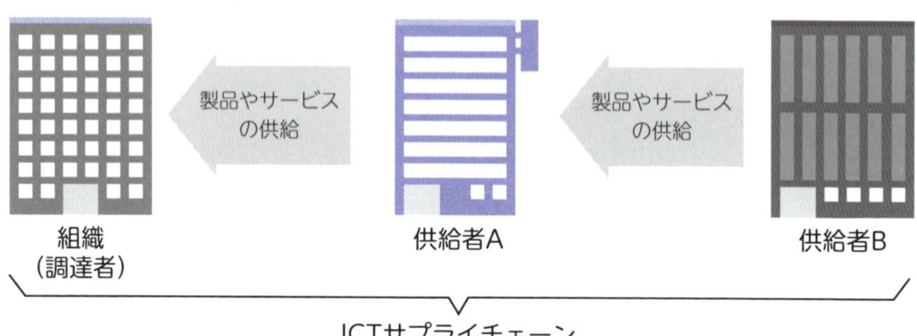

このような場合、情報セキュリティを維持するためには、供給者Bを含めたサプライチェーン全体を通して有効な対策を求める必要があり、組織は供給者との合意にあたって、次の①～⑥の事項を考慮することが望ましいです。

①ICTサービスや製品のサプライチェーンに関連するセキュリティリスクへの要求事項(障害や不具合への対応など)
②サプライチェーン全体への適切なセキュリティ慣行の伝達
③リスクへの要求事項に対する順守状況の監視
④ICTサービスや製品の品質保証
⑤継続的な供給についてのリスク(事業継続)
⑥ICTサービスや製品の問題についての情報共有

60 A.15.2 供給者のサービス提供の管理

A.15.2「供給者のサービス提供の管理」では、供給者の情報セキュリティやサービス提供について、合意したレベルが維持されているかを管理・監視するための管理策について規定しています。

A.15.2.1 供給者のサービス提供の監視及びレビュー

A.15.2.1「供給者のサービス提供の監視及びレビュー」では、供給者のサービス提供を定常的に監視してレビューし、監査するように要求しています。

本規格はA.15.1.2「供給者との合意におけるセキュリティの取扱い」を前提としており、次の①～⑤のようなサービス管理のプロセスを含むのが望ましいです。

①サービス品質保証（SLA：Service Level Agreement）などに基づくパフォーマンスレベルの監視
②独立した監査人による監査
③定期的な進捗会議やインシデント情報のレビュー
④ICTサプライチェーンやリスクのレビュー
⑤災害時などのサービス継続性のレビュー

■供給者のサービス提供の監視・レビューのイメージ

サービス提供の監視・レビューの例
①SLAなどに基づくパフォーマンスレベルの監視
②独立した監査人による監査
③定期的な進捗会議やインシデント情報のレビュー
④ICTサプライチェーンやリスクのレビュー
⑤災害時などのサービス継続性のレビュー

A.15.2.2 供給者のサービス提供の変更に対する管理

A.15.2.2「供給者のサービス提供の変更に対する管理」では、組織の業務情報、業務システムおよび業務プロセスの重要性、リスクの再評価を考慮して、供給者のサービス変更を管理することを要求しています。

管理する供給者のサービス提供の変更は、**情報セキュリティに関連する変更を対象**としています。変更後のサービスが組織の情報セキュリティや適切なサービスレベルの確保に影響がないかを評価し、必要に応じて供給者との合意内容や業務システム、業務プロセスの変更を実施します。

■供給者のサービス提供の変更管理の考慮事項

組織が行う変更事項の例

- 現在提供されているサービスの強化
- 新しいアプリケーションおよびシステムの開発
- 組織の諸方針および諸手順の変更または更新
- 情報セキュリティインシデントの解決、およびセキュリティの改善のための新たなまたは変更した管理策

供給者の合意に対する変更事項の例

- サービスレベル（品質保証）
- セキュリティ要求
- 法規制の要求
- 監視・レビューの方法
- インシデント管理

供給者サービスにおける変更事項の例

- ネットワークに対する変更および強化
- 新技術の利用、新製品または新しい版・リリースの採用
- 新たな開発ツールおよび開発環境
- サービス設備の物理的設置場所の変更
- 供給者の変更
- 他の供給者への下請負契約

また、多くの顧客を対象とするサービス提供者には、Webサイトで変更したサービス約款が通知されるので、組織は最新のサービス約款を入手してレビューし、保管しておくことで管理します。

供給者が管理策を維持しているかを監視し、定期的に見直す

A.16 情報セキュリティインシデント管理 A.17 事業継続マネジメントにおける情報セキュリティの側面　A.18 順守

この章では、インシデントが発生した際の対処法や、災害などが発生した場合でもセキュリティを維持して事業を継続していくための要求事項について解説をします。
A.16は1つの管理目的、A.17とA.18は2つの管理目的で構成されています。

61 A.16.1 情報セキュリティインシデントの管理及びその改善

A.16.1「情報セキュリティインシデントの管理及びその改善」では、情報セキュリティインシデントを管理するための、一貫性のある取り組みを確実にするための管理策について規定しています。

A.16.1.1 責任及び手順

情報セキュリティインシデントとは、情報の誤送付や紛失、盗難、マルウェア感染、不正アクセスといった情報セキュリティ事故・事件が該当します。

A.16.1.1「責任及び手順」では、これらの情報セキュリティインシデントに対して迅速に、効率的かつ順序立った対応を確実にするために、**管理層の責任と手順を明確にする**ことを要求しています。

ISO/IEC 27002（情報セキュリティ管理策の実践のための規範）では、情報セキュリティインシデントに対して次の手順を策定し、管理層の責任のもと、関係者に十分に伝達することが望ましいとしています。

(1) インシデント対応の計画および準備のための手順

インシデントが発生した場合に、誰に報告し、誰が対応を決定し指揮するのかなど、具体的にどのように対応するのかといった準備にかかわる手順を作成します。

(2) 監視・検知・分析および報告の手順

インシデントが発生する前には、セキュリティ対策の不具合や悪意ある攻撃の試みなどの情報セキュリティ事象が確認されるため、実施しているセキュリティに異常が発生していないかどうか、監視・検知・分析および報告するための基本的運用について手順を作成します。

(3) インシデント管理活動のログを取得するための手順

セキュリティ事象やインシデントの監視・検知・分析および報告に関するログや記録の取得についての手順を作成します。

(4) 法的証拠を扱うための手順

訴訟における証拠力が認められるログや記録についての収集と保管などの手順を作成します。

(5) 事象の評価および決定と弱点の評価の手順

セキュリティ事象を評価し、インシデントとするかを決定する手順と、情報セキュリティ弱点が発見された場合に改善が必要かどうかを判断する評価手順を作成します。

(6) 対応手順

インシデントが発生してセキュリティレベルが低下した状態から、通常セキュリティレベルへ回復させる手順を作成します。

これら各手順には、十分な力量を持った要員が対処にあたること、内部・外部への報告方法、処置を確実に実施するための報告様式や記録様式、処置結果の適切なフィードバック手続きなどを考慮して作成する必要があります。

■ インシデント管理に必要な手順

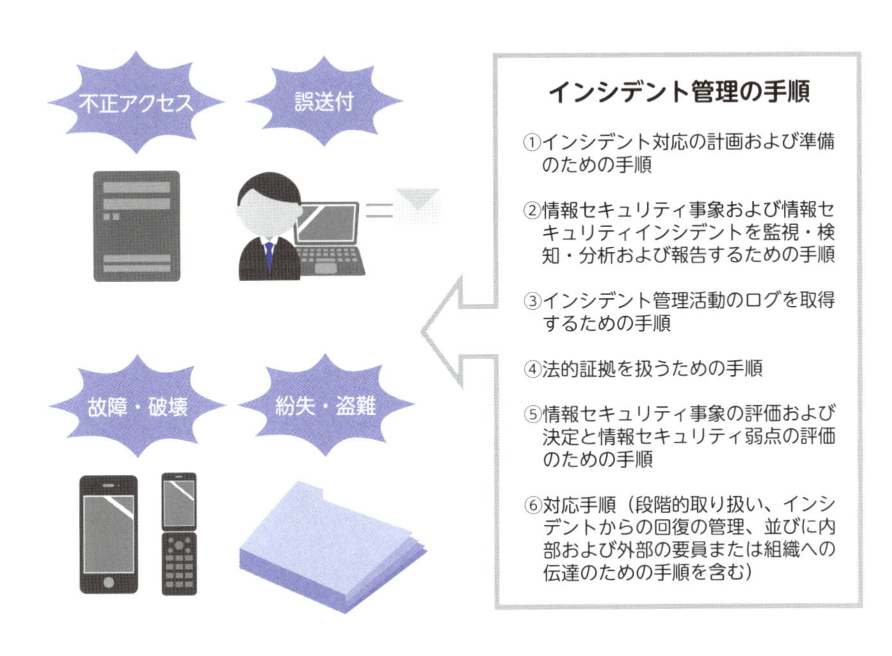

A.16.1.2 情報セキュリティ事象の報告

A.16.1.2「情報セキュリティ事象の報告」では、情報セキュリティ事象は、できるだけ速やかに適切な管理者へ報告することを要求しています。

情報セキュリティ事象とは、システムの誤動作やサービスの停止、人的誤り、方針の非順守、アクセス違反、悪意ある攻撃などが発生する状態のことを指し、何も起こらない場合もあれば、組織に何らかのインパクトを与えるインシデントが含まれている場合もあり、包括的な意味で使用されています。

情報セキュリティ事象の報告は、情報システムのログを監視している従業員からの異常報告や、情報セキュリティ事象を発見した従業員からの報告などで、**組織やシステムに重大な影響を与える可能性のあるものは、情報セキュリティインシデントとして対応**します。

■ 情報セキュリティ事象のイメージ

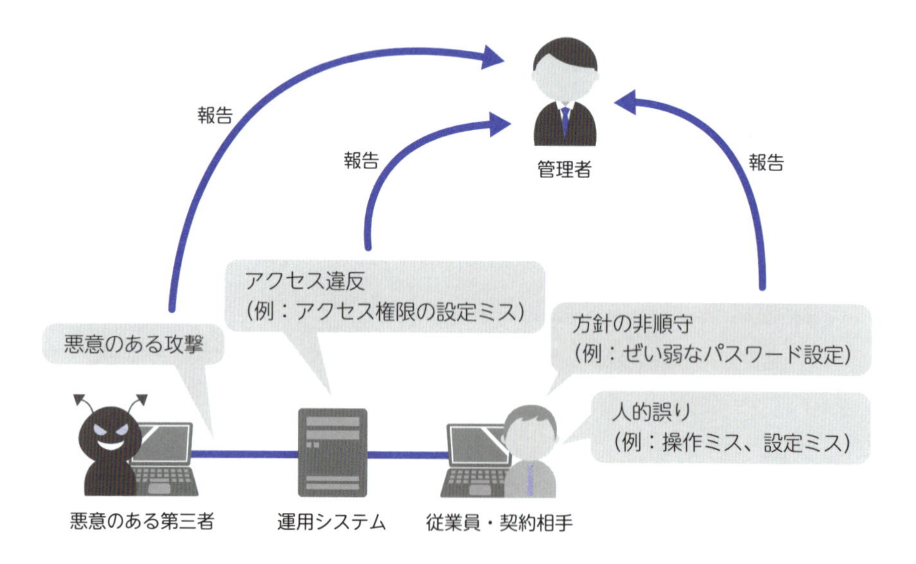

A.16.1.3 情報セキュリティ弱点の報告

A.16.1.3「情報セキュリティ弱点の報告」では、従業員と契約相手がシステムやサービスの中で発見または疑いを持った情報セキュリティ弱点について、どのようなものでも記録し、報告することを要求しています。

■ 情報セキュリティ弱点の報告イメージ

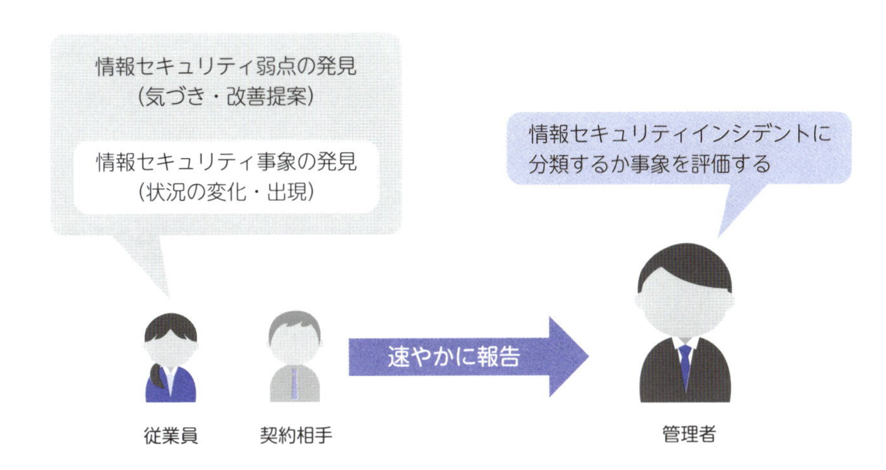

弱点とは、ぜい弱性を含む広い範囲の内容を指しています。ぜい弱性とは**「一つ以上の脅威によって付け込まれる可能性のある、資産又は管理策の弱点」(JIS Q 27000:2019 の 3.77)** と定義されているため、弱点には、ぜい弱性とはいえない資産や管理策の状態が含まれます。

たとえば、ソフトウェアやシステムのセキュリティホールの発生や、データセンターの設備管理の夜間要員の不足、セキュリティ運用を担当する要員の力量不足などです。

なお、技術的ぜい弱性に関連する弱点について、**専門知識のない発見者が立証や検査を行うことは不正行為**と見られ、個人に法的責任が発生する場合もあります。個人で立証や検査はせず、速やかに管理者に報告するように徹底する必要があります。

A.16.1.4 情報セキュリティ事象の評価及び決定

A.16.1.4「情報セキュリティ事象の評価及び決定」では、報告された情報セキュリティ事象を評価し、情報セキュリティインシデントに分類するか否かを決定することを要求しています。

管理者は、報告を受けた情報セキュリティ事象や弱点について、インシデントとして分類するかどうかを決定し、**影響および程度に応じた優先順位付け**を行います。また、組織内に情報セキュリティインシデント対応チームがある場合は、確認・再評価のために、評価結果を転送します。

これら評価・決定の結果は、以後の参照と検証のために詳細に記録しておくことが望ましいです。

■ 情報セキュリティ事象の分類例

No.	分類
1	郵送物、宅配物、電子メール、FAXの誤送
2	紙媒体の資料、パソコン端末、記憶媒体、携帯電話の紛失または盗難
3	業務用システム、情報処理機器の故障・破壊
4	ネットワーク障害
5	不正アクセス検出
6	マルウェア感染

■ 情報セキュリティインシデント規模の分類

分類	内容
大	事業および外部に大きく支障をきたすレベル
中	通常の業務の執行に支障をきたすレベル
小	とりわけ業務の執行には支障をきたさないが注意を喚起したほうがよいレベル

A.16.1.5 情報セキュリティインシデントへの対応

A.16.1.5「情報セキュリティインシデントへの対応」では、文書化した手順に従って、情報セキュリティインシデントに対応することを要求しています。

報告された情報セキュリティ事象は、評価基準（A.16.1.4「情報セキュリティ事象の評価及び決定」）によって、インシデントとして分類・評価されます。手順に従って、対応や原因を特定するための分析や、再発防止のための是正処置などが実施され、知識として記録し、管理されます。

■ 情報セキュリティインシデント記録のイメージ

情報セキュリティインシデント記録

<table>
<tr><td>発生年月日</td><td></td><td>報告者所属・氏名</td><td></td></tr>
<tr><td>セキュリティ事象の分類</td><td colspan="3">□ 郵送物、宅配物、電子メール、FAXの誤送
□ 紙媒体の資料、パソコン端末、記憶媒体、携帯電話の紛失または盗難
□ 業務用システム、情報処理機器の故障・破壊
□ ネットワーク障害
□ マルウェア感染
□その他（　　　　　　　　　　　　）</td></tr>
<tr><td>発生状況（時系列に記載）</td><td colspan="3"></td></tr>
<tr><td>発生原因と対応内容</td><td colspan="3"></td></tr>
<tr><td>外部の連絡・報告先</td><td colspan="3"></td></tr>
</table>

責任者確認欄

<table>
<tr><td>インシデント規模</td><td>大・中・小</td><td>是正処置の要否</td><td>要・否</td></tr>
<tr><td>指示事項など</td><td colspan="3"></td></tr>
<tr><td>確認年月日</td><td></td><td>責任者名</td><td></td></tr>
</table>

ISO/IEC 27002（情報セキュリティ管理策の実践のための規範）では、インシデントへの対応手順に、次の①〜⑦を含めることが望ましいとしています。

①インシデントの発生後、できるだけ速やかに証拠を収集する
②必要に応じて、情報セキュリティの法的分析を実施する
③発生したインシデントの重要度により、関係上層部への段階的取り扱い（エスカレーション）を行う
④あとで行う分析のために、関連するすべての対応活動を記録する
⑤知る必要のある内部・外部の他の要員または組織に、インシデントの存在または関連するその詳細を伝達する
⑥インシデントの完全な原因が判明しなくても、その一部がセキュリティ弱点に起因する場合は、大至急対応する
⑦インシデントへの対応が滞りなく済んだあと、正式にそれを終了し、記録する

A.16.1.6 情報セキュリティインシデントからの学習

A.16.1.6「情報セキュリティインシデントからの学習」では、発生した情報セキュリティインシデントの分析および解析から得られた知識を、**将来起こり得るインシデントの可能性またはその影響を低減するために用いる**ことを要求しています。

インシデントの評価は、将来の発生頻度、損傷および費用を抑制するために、管理策の強化や追加の必要性を評価して対策を実施したり、再発防止のために利用者の意識向上訓練に用いたりすることができます。

■ インシデントからの学習イメージ

A.16.1.7 証拠の収集

A.16.1.7「証拠の収集」では、**証拠となり得る情報の特定、物理的な物品の収集、データの取得および保存**のための手順を定めることを要求しています。

■ 証拠の収集のイメージ

懲戒処置や法的処置のために証拠を取り扱う場合には、次の①〜④を考慮した手順を定めて管理することが必要となります。

①法廷で使用できる証拠能力を備えている
②紙媒体はセキュリティを保って原本を保管し、完全性を保護する
③データは複製しておき、作業ログを保管するとともに、保管した媒体やログに誰も触れないようにセキュリティを保ち、完全性を保護する
④訴訟に関連したどのような作業も、証拠物件の複写物だけを利用する

また、専門知識やノウハウが要求されますが、パソコンやスマートフォンなどの端末や、サーバなどに蓄積されたデジタルデータを解析したり、改ざんされていないかを調査したり、データを復元したりなど、法的証拠能力を持たせるコンピュータフォレンジック（デジタルフォレンジック）などの技術を活用してもよいでしょう。

- **情報セキュリティインシデントが発生した際の責任や手順を明確にする**

62 A.17.1 情報セキュリティ継続

A.17.1「情報セキュリティ継続」では、情報セキュリティ継続を組織の事業継続マネジメントに組み込んで、災害などの平常の事業運営とは異なる状態になっても、セキュリティを維持する管理策について規定しています。

A.17.1.1 情報セキュリティ継続の計画

事業継続とは**「事業の中断・阻害などを引き起こすインシデントの発生後、あらかじめ定められた許容レベルで、製品又はサービスを提供し続ける組織の能力」(JIS Q 22300:2013 社会セキュリティ－用語の2.1.10)**と定義され、情報セキュリティ継続では、災害や事業環境の急激な変化など、平常の事業運営とは異なる状態になっても、一定以上の水準で情報の機密性、完全性、可用性を維持するための対策を指します。

A.17.1.1「情報セキュリティ継続の計画」では、災害などの**事業継続が困難な状態**において、情報セキュリティおよび情報セキュリティマネジメントを継続するための対策を計画するように要求しています。なお、事業継続マネジメントシステム（BCMS：Business Continuity Management System）の構築や、事業継続計画（BCP：Business Continuity Plan）の作成を要求しているわけではなく、組織の事業継続マネジメントに情報セキュリティ継続を組み込むことを目的としています。

■ 情報セキュリティ継続と事業継続マネジメント

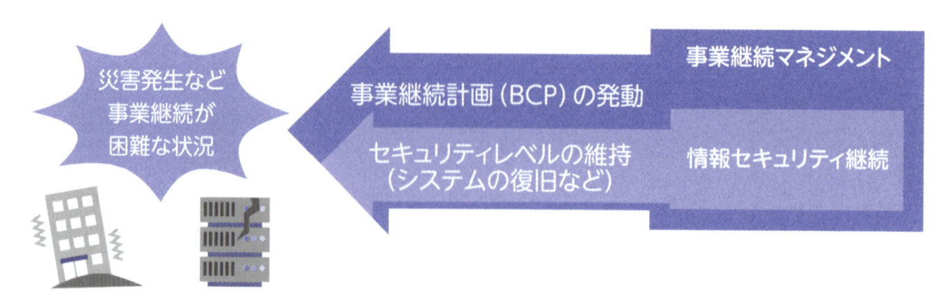

事業継続を困難にする状況には、自然災害や電気・ガス・水などの供給停止、通信サービスの停止、外部の情報処理サービスの停止、人的脅威、流行性疾病感染拡大（パンデミック）、建屋の損壊など、さまざまなものがあります。

これらの事業継続を困難にする状況について、情報セキュリティ継続の対象を決定する際には、JIS Q 22301:2013（社会セキュリティー事業継続マネジメントシステム－要求事項）の「事業影響度分析（business impact analysis）」を参考にしてもよいでしょう。

■ 事業影響度分析（BIA）の例

事業影響度分析／リスク分析・評価表

<table>
<tr><th rowspan="2">No.</th><th rowspan="2">業務</th><th rowspan="2">頻度</th><th rowspan="2">最大許容停止時間</th><th rowspan="2">必要資源</th><th rowspan="2">事業継続が困難な状況</th><th rowspan="2">現状の事業継続計画</th><th colspan="2">目標復旧</th><th rowspan="2">評価</th><th rowspan="2">追加する事業継続計画</th></tr>
<tr><th>時間</th><th>レベル</th></tr>
<tr><td rowspan="6">1</td><td rowspan="6">○○業務</td><td rowspan="6">毎日</td><td rowspan="6">2日</td><td>事務員○人</td><td rowspan="6">地震によるシステムの停止、交通機関の混乱</td><td>緊急連絡・安否確認手順</td><td>1日</td><td>70%</td><td>×</td><td>多能工化の推進</td></tr>
<tr><td>○○システム</td><td>バックアップ手順</td><td rowspan="3">10時間</td><td rowspan="3">90%</td><td rowspan="3">△</td><td rowspan="3">バックアップからの復旧手順の作成と定期訓練</td></tr>
<tr><td>○○サーバ</td><td rowspan="3">インシデント対応規定</td></tr>
<tr><td>ネットワーク</td></tr>
<tr><td>IP電話○台</td><td>2日</td><td>50%</td><td>△</td><td>携帯電話など代替手段の確保</td></tr>
<tr><td>社用車○台</td><td>代車の手配</td><td>7日</td><td>50%</td><td>○</td><td></td></tr>
</table>

○：現状事業継続計画で十分　△：現状事業継続計画の訓練が必要　×：事業継続計画の追加が必要

情報セキュリティ継続の困難な状況は、事業影響度分析の結果などを参考に、対策が必要な困難な状況を決定し、バックアップからのデータ復旧など、次の①〜②の内容を満たすように手順を文書化していきます。

①困難な状況において、求められる情報の機密性、完全性、可用性の評価に見合った取り扱いができるようにする
②困難な状況において、組織の情報を保有する情報システムやネットワークの可用性を確保しつつ、セキュリティレベルも一定水準を保つことができるようにする

A.17.1.2 情報セキュリティ継続の実施

A.17.1.2「情報セキュリティ継続の実施」では、A.17.1.1「情報セキュリティ継続の計画」で決定した困難な状況の下で、**情報セキュリティ継続に対する要求レベルを確実にするためのプロセス、手順および管理策を確立し、文書化し、実施・維持する**ことを要求しています。

ISO/IEC 27002（情報セキュリティ管理策の実践のための規範）では、情報セキュリティ継続に対して、次の①〜④を考慮した体制やプロセス・手順を作成して、困難な状況が発生した際に実施するように要求しています。

①中断・阻害を引き起こす事象への備え、また軽減・対処するために、必要な権限、経験および力量を備えた要員による十分な体制やしくみを設ける
②インシデントを管理し、情報セキュリティを維持するための責任、権限および力量を備えたインシデント対応要員を任命する
③経営陣が承認した情報セキュリティ継続の目的に基づいて、組織が中断・阻害を引き起こす事象を管理し、その情報セキュリティを規定のレベルで維持する方法の計画、対応および回復について文書化した手順を策定し、承認する
④情報セキュリティ継続に関する要求事項に従って、次の事項を確立し、文書化し、実施し、維持する
—事業継続または災害復旧のためのプロセスおよび手順、これらを支援する

システムおよびツールに関する情報セキュリティ管理策
―困難な状況において、既存の情報セキュリティ管理策を維持するためのプロセスや手順の変更、それらの実施の変更
―困難な状況において、維持することが不可能な情報セキュリティ管理策を保管するための管理策

■業務用システムの復旧手順のチェックリスト例

業務用システムの復旧手順・実施記録

No.	復旧手順	チェック	実施内容の記録（別紙添付でも可）
1	障害または事故が発生した場合、情報処理機器やネットワーク機器などのシステム関係の被害状況を確認する		
2	業務用システムのバックアップデータの状況を確認する		
3	各自で使用するパソコン端末は、各自が被害の状況をシステム管理者に報告する		
4	電源の供給、通信設備・回線などのインフラの状況を確認する		
5	システム管理者は被害状況をまとめ、経営陣へ報告する		
6	復旧作業を開始する。なお、データの復元が必要な場合は、復元までの時間（目途）を利用者に伝え、その間の使用を禁止する		
7	復旧まで時間がかかる場合や、手配に時間がかかる場合は、代替機や代替手段を提供する		
8	業務用システムの設定状況を確認し、アクセス制御やパスワード設定など、セキュリティレベルに問題がないかを確認して、復旧作業を完了させる		
9	システム管理者は、被害額および損失額を試算し、経営陣へ報告する		
10	経営陣は、システム管理者から受けた報告内容を確認し、追加の処置が必要であれば各責任者に指示する		

A.17.1.3 情報セキュリティ継続の検証、レビュー及び評価

A.17.1.3「情報セキュリティ継続の検証、レビュー及び評価」では、情報セキュリティ継続のための管理策が、困難な状況の下で妥当かつ有効であることを確実にするために、**定められた間隔で検証**することを要求しています。

情報セキュリティ継続のための管理策は、**組織の事業目的や事業環境、対象となる困難な状況、プロセス・手順、技術の変化に応じて変更する**必要があります。ISO/IEC 27002（情報セキュリティ管理策の実践のための規範）では、次の①～③の方法によって、情報セキュリティ継続を定期的（年1回以上など）に検証することが望ましいとしています。

①情報セキュリティ継続のためのプロセス、手順および管理策の機能が情報セキュリティ継続の目的と整合していることを確実にするために試験を実施する

②情報セキュリティ継続のためのプロセス、手順および管理策を機能させる知識・日常業務を試験し、そのパフォーマンスが情報セキュリティ継続の目的に整合していることを確認する

③情報システム、情報セキュリティのプロセス、手順および管理策が変更された場合、情報セキュリティ継続のための手段の妥当性および有効性をレビューする

■ A.17.1 情報セキュリティ継続の各管理策の関係

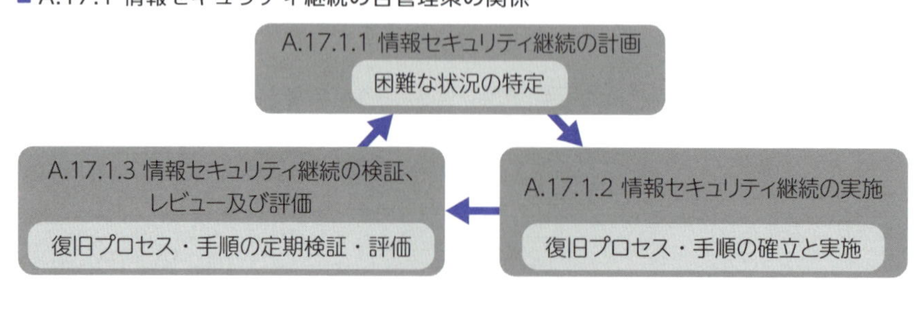

まとめ

- 情報セキュリティ継続の管理策は定期的に見直す

63 A.17.2 冗長性

A.17.2「冗長性」では、情報処理施設の可用性を確実にすることを目的に、施設を構成する機器の冗長性を十分に確保するための管理策について規定しています。

A.17.2.1 情報処理施設の可用性

A.17.2.1「情報処理施設の可用性」では、可用性の要求事項を満たす十分な冗長性を持った情報処理施設を導入することを要求しています。

情報処理施設は**「あらゆる情報処理のシステム、サービス若しくは基盤、又はこれらを収納する物理的場所」(JIS Q 27000:2019の3.27)**と定義されており、情報処理施設の冗長性は、これらのさまざまな要素に冗長性を持たせることで実現します。

冗長性の対策では、物理的な保護や装置の保守、容量・能力の管理などによる対策もありますが、**既存のシステム構成(構造)を見直して変更する方法**もあります。その場合、**変更システムを導入する前に、十分な試験を実施**する必要があります。

■ 情報処理施設の冗長性対策のイメージ

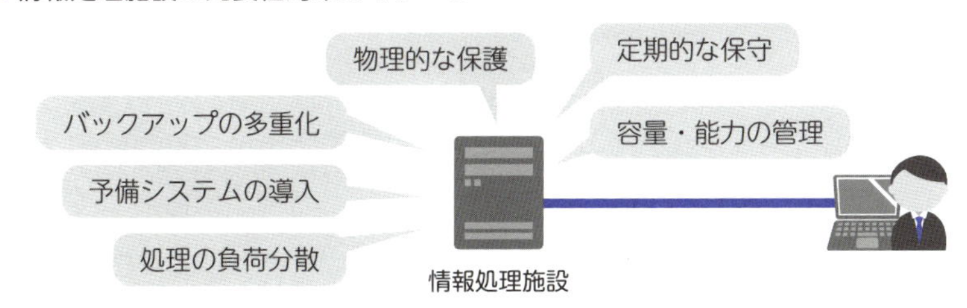

▶ 情報処理施設の可用性対策を実施する

64 A.18.1 法的及び契約上の要求事項の順守

A.18.1「法的及び契約上の要求事項の順守」では、情報セキュリティに関する法規制や契約上の義務といった、セキュリティ上のあらゆる要求に対する違反を避けるための管理策について規定しています。

A.18.1.1 適用法令及び契約上の要求事項の特定

A.18.1.1「適用法令及び契約上の要求事項の特定」では、組織や情報システムに関連する法令、規制および契約上の要求事項を満たすための組織の取り組みを明確に特定し、文書化し、最新に保つことを要求しています。

法令・規制の要求事項の調査は、官公庁、IPA（情報処理推進機構）、ISMS-AC（情報マネジメントシステム認定センター）の**Webサイトやメールマガジンを定期的に確認する**方法もあれば、新聞や業界紙など、**日常の情報収集から順守すべき要求事項の情報を得る**方法もあります。

■ 法令・規制の要求事項の調査方法のイメージ

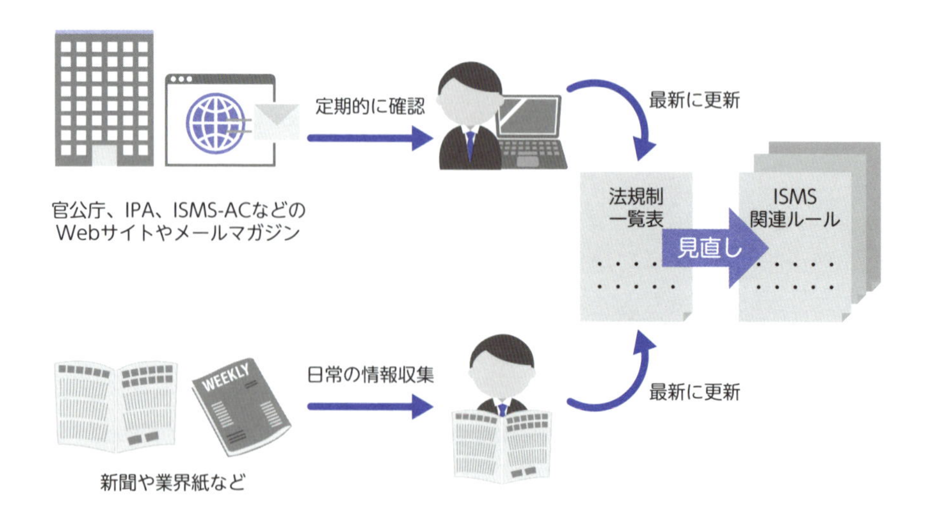

組織に関連する、法令・規制および契約上の要求事項は、一覧表などを文書化して最新版を維持し、従業員に周知します。

情報の取り扱いおよび情報システムに関連する法規制の一覧表については、法規制の名称だけでなく、**最新版の改訂年月日や順守しなければならない具体的な内容（条項番号など）が明確になっている**必要があります。

組織は、法規制に関連する業務に携わる要員に対して、教育・訓練などを通じて、具体的な順守事項について十分に理解させるだけでなく、法規制を順守するために必要な管理策を決定し、規則や手順を整備する必要があります。

関連する法規制に変更がないかどうかは、定期的に確認する場合と、情報を入手した際に適宜見直す場合があり、組織は変更が発生した場合、関連するISMSの規則や手順を見直し、順守義務が果たせるように管理する必要があります。

■特定対象となる主な法規制

法規制	概要
個人情報保護法・番号利用法	利用目的、取得、提供、開示など
不正競争防止法	営業秘密、差止請求、損害賠償
不正アクセス禁止法	ID／パスワードの盗用禁止、アクセス制御管理
迷惑メール防止法	特定メール適正化、迷惑メール禁止
労働基準法・労働者派遣法	制裁制限、秘密を守る義務
消防法・消防法施行令	防火設備、防火管理
著作権法	著作物、ソフトウェア、ライセンス
特許法、知的財産基本法	特許、意匠、商標

A.18.1.2 知的財産権

A.18.1.2「知的財産権」では、知的財産権および権利関係のあるソフトウェア製品の管理に関連する、法規制および契約上の要求事項の順守を確実にするために、適切な手順を実施することを要求しています。

ソフトウェアや文書の著作権、意匠権、商標権、特許権およびソースコード使用許諾権のような知的財産権については、法規制や契約を順守することを確実にする必要があります。知的財産権の順守については、次の①～④を考慮した管理を実施することが望ましいです。

①ソフトウェア製品および情報製品の知的財産権、使用許諾条件の順守を管理するための方針を明確にし、認可されたソフトウェアだけが導入されていることをレビューする
②著作権を侵害しないために、ソフトウェアは、定評のある供給元から取得し、使用条件を順守する
③要員に知的財産権の保護に対する認識を持たせる
④ライセンスなどの知的財産権について登録簿を維持・管理し、許可された利用者数を超過しないことを確実にする。また、使用許諾の証明および証拠を維持・管理する

■ ソフトウェアの知的財産権の管理イメージ

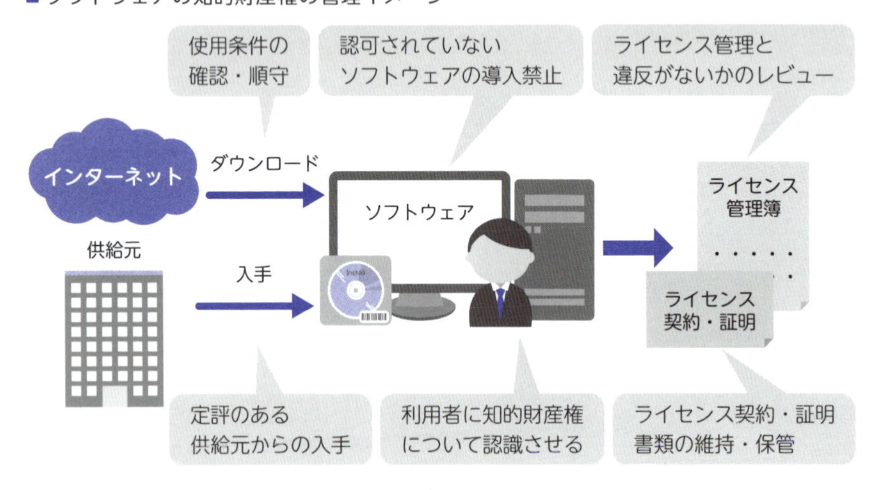

A.18.1.3 記録の保護

A.18.1.3「記録の保護」では、法令・規制、契約および事業上の要求に従って、**消失、破壊、改ざん、認可されていないアクセスおよび不正な流出から保護**することを要求しています。

事業活動では、法令・規制、契約または事業上の要求事項によって、作成・保管が組織に義務付けられている記録があります。

ISO/IEC 27002（情報セキュリティ管理策の実践のための規範）では、記録の保護について、次の①～⑥を考慮することが望ましいとしています。

①組織の分類体系（極秘、秘、社外秘など）に基づいて、その記録に適用される保護を決定する

②保持する記録と保管期間を明確にして、管理する。具体的な記録には次のようなものが考えられる

—就労・労働安全、特定の業務・製品に関する記録

—会計・税務に関する記録

—許認可、認定、認証などの条件として、作成・維持が必要な記録（製作図面や検査記録など）

—訴訟に備えて作成・保管する業務記録

③種類（会計記録、データベース記録、トランザクションログ、監査ログなど）や媒体の種類によって記録を分類する

④記録の保存に用いる媒体が劣化する可能性を考慮し、製造業者が推奨する仕様に従って保管する

⑤記憶媒体が将来の技術変化によって読み出しできなくなることを防ぐために、保管期間を通じてデータにアクセスできることを確実にする

⑥保護する記録は、保管先、保管期間、保管期間終了後の破棄方法を明確にする

A.18.1.4 プライバシー及び個人を特定できる情報（PII）の保護

PII（Personally Identifiable Information）とは、生存している個人に関する情報で、その情報から個人を特定できるものを指します。A.18.1.4「プライバシー及び個人を特定できる情報（PII）の保護」では、プライバシーおよびPIIの保護に関する法規制を順守することを要求しています。

日本においては、個人情報保護法のほか、個人情報保護委員会が定める各ガイドライン、自治体の個人情報保護条例などが該当する法規制になり、組織はこれらを確実に順守するために個人情報やマイナンバーに関する管理手順を定めて、運用管理を実施する必要があります。

■ 個人情報保護法の概要

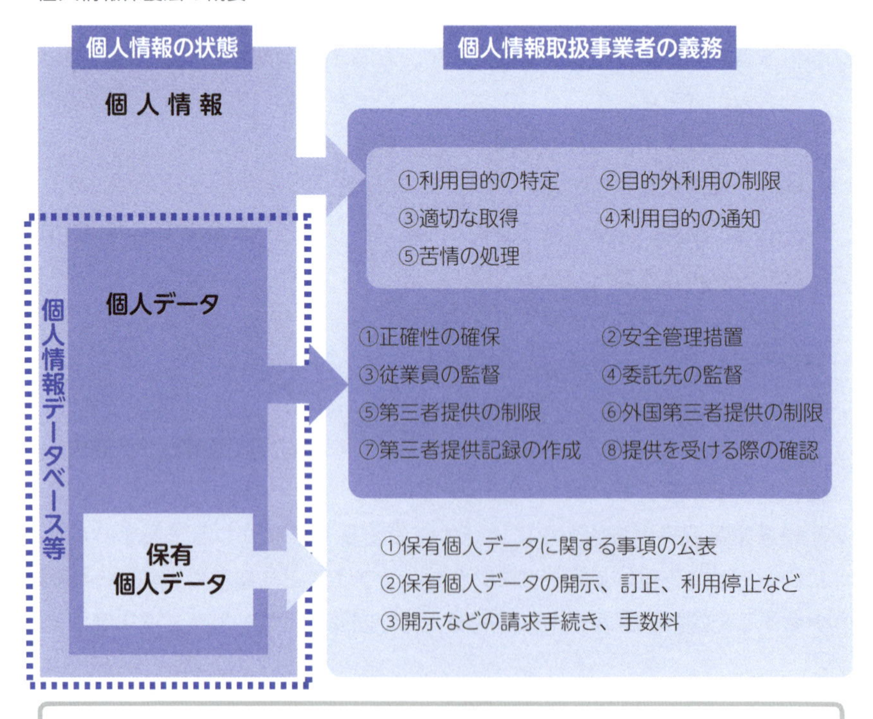

個人情報：生存する特定の個人を識別できる情報
個人データ：個人情報のうち個人情報を体系的に検索できるようにしたもの
保有個人データ：個人データのうち開示、訂正、消去などの権限を有し、6ヶ月以上保管するもの

■ 個人情報に関する主な法規制

法規制	概要
個人情報の保護に関する法律（個人情報保護法）	利用目的の特定、目的外利用の制限、適切な取得、利用目的の通知・公表、安全管理、委託先の監督、本人からの開示や請求など
個人情報の保護に関する法律についてのガイドライン（通則編）	法に基づく個人情報の取り扱いについてのガイドライン
個人情報の保護に関する法律についてのガイドライン（外国にある第三者への提供編）	外国に個人情報を提供する場合のガイドライン
個人情報の保護に関する法律についてのガイドライン（第三者提供時の確認・記録義務編）	第三者に個人情報を提供する場合のガイドライン
個人情報の保護に関する法律についてのガイドライン（匿名加工情報編）	匿名加工情報の取り扱いについてのガイドライン
雇用管理に関する個人情報のうち健康情報を取り扱うに当たっての留意事項（局長通達）	雇用管理に関する健康情報の取り扱い
行政手続きにおける特定の個人を識別するための番号の利用などに関する法律（番号利用法）	マイナンバーの取得・本人確認、利用制限・個人番号関係事務、委託先の監督、安全管理措置など
特定個人情報の適正な取り扱いに関するガイドライン（事業者編）（告示）	法に基づくマイナンバーの取り扱いについてのガイドライン
特定個人情報の漏えいその他の特定個人情報の安全の確保にかかわる重大な事態の報告に関する規則	マイナンバーの事故（漏えいなど）についての報告
GDPR（General Data Protection Regulation：一般データ保護規則）	EUの個人データの取り扱いについての規則
個人情報の保護に関する法律にかかわるEU域内から、十分性認定により移転を受けた個人データの取り扱いに関する補完的ルール	EUから移転された個人データの取り扱いに関して、個人情報保護法に加えて最低限順守すべき規律

A.18.1.5 暗号化機能に対する規制

A.18.1.5「暗号化機能に対する規制」では、利用している暗号化機能について、関連するすべての協定、法令・規制を順守して用いることを要求しています。

ISO/IEC 27002（情報セキュリティ管理策の実践のための規範）では、暗号化機能についての協定、法令および規制を順守するために、次の①〜④を考慮することが望ましいとしています。

①暗号化機能を実行するためのハードウェアおよびソフトウェアの、輸入または輸出に関する規制
②暗号化機能を追加するように設計されているハードウェアおよびソフトウェアの、輸入または輸出に関する規制
③暗号利用に関する規制
④内容の機密性を守るために、ハードウェアまたはソフトウェアによって暗号化された情報への、国の当局による強制的または任意的なアクセス方法

暗号化機能に対する規制は、安全保障の観点から、敵性国家などに対する暗号技術の拡散を防止するための輸出規制が多くの国で実施されています。一方、暗号技術の国内利用の規制については、ロシアと中国がとくに厳格な管理を行なっているため、海外出張でノートパソコンを携行する際には、事前に確認することが望ましいです。

日本では「外国為替及び外国貿易法」で、国際的な平和および安全の維持を妨げるような特定の種類の貨物の輸出や特定の技術を提供する場合、輸出者は経済産業大臣の輸出許可や役務取引の許可が必要になります。

たとえば、無線LAN暗号装置の対称アルゴリズムの鍵の長さが56ビットを超える場合は、輸出許可の手続きの対象になります。

まとめ

- **法規制の一覧表は、改訂年月日や順守すべき内容までを明確にする**

65 A.18.2 情報セキュリティのレビュー

A.18.2「情報セキュリティのレビュー」では、組織の方針や手順に従った情報セキュリティの実施、運用が確実にできているかをレビューする管理策について規定しています。

A.18.2.1 情報セキュリティの独立したレビュー

A.18.2.1「情報セキュリティの独立したレビュー」では、情報セキュリティのための管理目的、管理策、方針、プロセス、手順などの実施の管理に対する組織の取り組みについて、あらかじめ定めた間隔、または重大な変化が生じた場合に、独立したレビューを実施することを要求しています。

経営陣は、情報セキュリティをマネジメントする組織の取り組みが、継続的に適切で、妥当および有効であることを確実にするために、情報セキュリティに関するレビューの必要性を認識し、実施させる立場にあります。

独立したレビューの一般的な実施方法としては、**客観的な立場にある監査員が、ISMSが有効に実施されているかどうかを監査（9.2）する**ことでレビューします。

■ 情報セキュリティの独立したレビューのイメージ

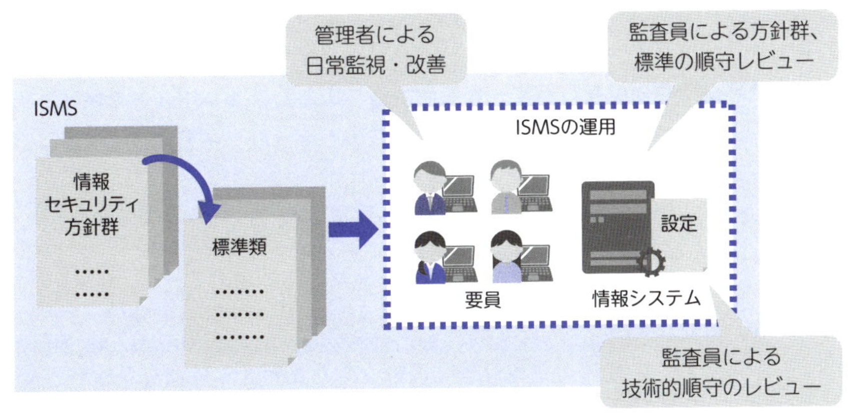

A.18.2.2 情報セキュリティのための方針群及び標準の順守

A.18.2.2「情報セキュリティのための方針群及び標準の順守」では、管理者が、自分の責任の範囲内における情報処理および手順が、**情報セキュリティ要求事項を順守していることを定期的にレビュー**することを要求しています。

管理者は、日常の監視方法を決定・実施し、何らかの不順守を発見した場合は、次の①～④の流れで処置を実施します。

①不順守の原因を特定する
②順守を達成するための処置の必要性を評価する
③適切な是正処置を実施する
④是正処置の有効性を検証し、不備または弱点を特定するために取った是正処置をレビューする

A.18.2.3 技術的順守のレビュー

A.18.2.3「技術的順守のレビュー」では、情報システムが、組織の情報セキュリティの方針群および標準を順守しているかを、定めに従ってレビューすることを要求しています。技術的順守のレビューは、**ハードウェアおよびソフトウェアの制御が正しく実施されているかどうかの検査がともなう**ため、次の①～③の事項を考慮することが望ましいです。

①ネットワークのポートスキャン、Webアプリケーションのぜい弱性検査、パソコン設定の検証を行うツールを活用し、出力されるレポートを確認する
②侵入テストやぜい弱性テストは、システムのセキュリティを危うくするリスクを考慮する
③技術的レビューは、力量がある者の監視下で実施する

情報セキュリティの独立したレビューは監査員が行う

18章

情報セキュリティマネジメントシステムの構築

ここまで、ISO/IEC 27001の規格要求事項を解説してきました。この章では、ISMSの構築から導入までのステップを具体的に解説していきます。流れを押さえて、体制を整えておきましょう。

66 ISMS構築・導入・認証取得までのステップ

ISO/IEC 27001を認証取得するためには、ISMSの構築と、リスクアセスメント、教育・訓練、内部監査、マネジメントレビューなどを運用して、審査に合格する必要があります。

ISMS構築・導入・認証取得までの6つのステップ

ISMSを構築・導入・認証取得するまでの活動は、大きく6つに分けることができます。各活動の概要は次のとおりです。

(1) 適用範囲と責任体制の決定

組織を取り巻く情報セキュリティの課題と利害関係者からの要求、業務内容や運用している情報システムの内容を考慮して、ISMSの適用範囲（活動範囲）を合理的に決定し、どのような体制で取り組むのか、管理責任者や各部門の担当者の役割・責任について明確にします。

(2) 情報セキュリティ方針の策定

トップマネジメントは、ISMSの活動の方向性や実現しなければならない状態について情報セキュリティ方針を決定し、文書化します。

(3) ISMS文書の作成

情報セキュリティ方針の実現と、ISO/IEC 27001が要求する文書を作成します。文書には、管理のしくみ（マネジメント）に関するものと、セキュリティ対策に関するものがあります。

(4) リスクアセスメント

ISO/IEC 27001の要求内容を満たした組織のリスクアセスメント実施基準に基づき、リスクアセスメントを実施し、リスク対応を決定します。リスク対応により導入された管理策は、必要に応じて文書化もします。

(5) ISMSの運用

ISMSの運用には、教育、内部監査、マネジメントレビューのほか、定められた管理策の実施や監視も要求されます。

(6) 審査

認証機関によるISO/IEC 27001登録審査（第一段階、第二段階）を受けて、適合性が認められれば認証取得となります。

■ ISMS構築の流れ

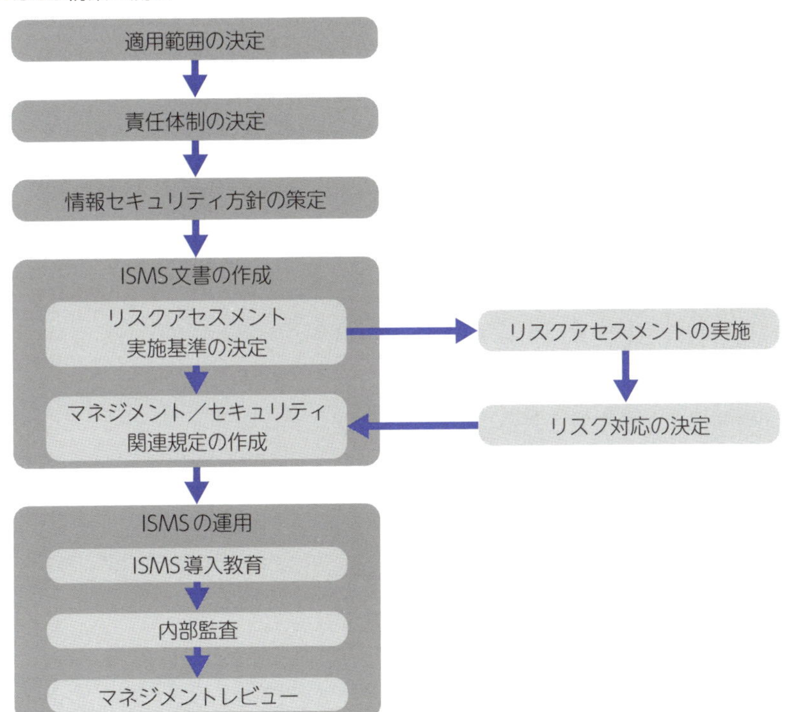

まとめ

- **ISMSを認証取得するまでには大きく6つのステップを踏む**

67 適用範囲と責任体制の決定

トップマネジメントは、組織の課題と利害関係者からの要求などを考慮してISMSの適用範囲を決定し、管理責任者を任命したり、各部門に推進担当者を置いたりするなど、ISMS運用に必要な役割や責任を決定します。

適用範囲の決定

ISMSの適用範囲（活動範囲）の決定は、次の（1）～（4）を考慮して、合理的に決定する必要があります。

(1) 外部・内部の課題

ISMSで取り組む組織の外部・内部の課題を明確にし、その課題に取り組むために適切な適用範囲を決定します（外部・内部の課題の例はP.53を参照）。

(2) 利害関係者から要求される情報セキュリティの内容

ISMSに関係する利害関係者からの情報セキュリティに関する要求内容を明確にし、その要求を満たすための適切な適用範囲を決定します（利害関係者からの要求事項の詳細はP.54を参照）。

(3) 組織が実施する活動

外部・内部の課題と利害関係者からの要求事項に対応するために、組織のどのような活動（業務）に対してISMSを適用するのかを決定します。

(4) 他の組織との情報のやり取りやその方法、依存関係

外部・内部の課題と利害関係者からの要求事項に関係する情報の利用範囲（ネットワーク）や情報のやり取りを考慮して適用範囲を決定します。

■ 適用範囲決定の流れ

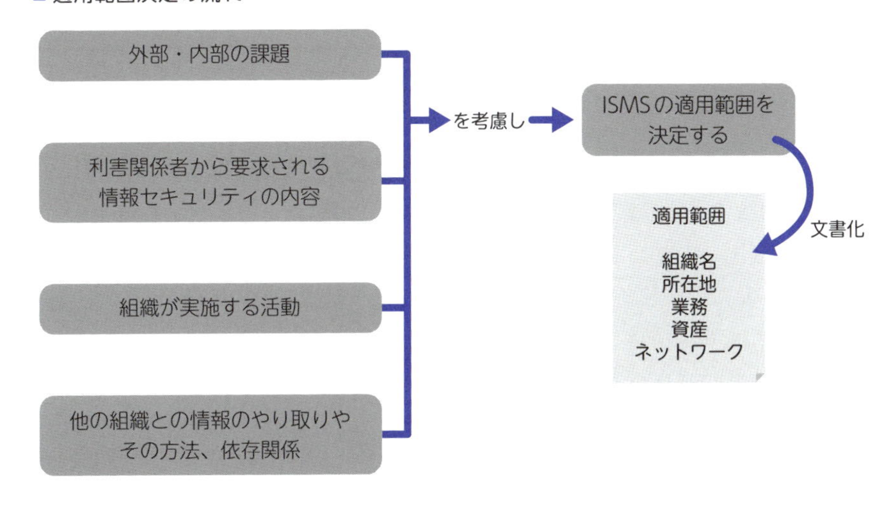

(1)～(4) を考慮して合理的に決定したISMSの適用範囲は、文書化が要求されています。

適用範囲は、下表の項目と記載する内容を満たすように文書化します（適用範囲の例はP.57を参照）。

■ 適用範囲文書に記載する内容

文書化する項目	記載する内容
対象組織名	組織の一部を適用範囲とする場合であれば、部門名も記載する。複数の組織を1つの適用範囲とする場合には、グループ名や対象組織名を併記する
対象組織の所在地	対象組織のすべての所在地を記載する。所在地のほか、適用範囲の敷地図やフロア図も作成する
対象業務	原則、所在地で行っている業務のすべてを記載する。一部の業務が適用範囲に含まれない場合は、適用範囲と範囲外がわかるように、敷地図やフロア図、ネットワーク構成図を作成する
対象資産	対象業務で取り扱う資産の概要を記載する
対象ネットワーク	所在地や業務で利用しているネットワーク構成図を作成する

責任体制の決定

適用範囲の決定後、ISMSの運用組織の責任と権限を決定し、責任体制を明確にします。

一般的に、**トップマネジメントは、ISMS管理責任者を任命し、その後のISMSの構築や運用の責任を持たせます**。また、情報セキュリティ委員会など、適用範囲全体の情報セキュリティを審議・調整する会議体や、運営全体を補佐するISMS事務局などを設置します。

組織は、ISMS運用組織図や、ISO/IEC 27001で要求される活動をどの部門が主管するのかがわかる責任権限表や役割に関する文書を作成します（責任権限表の例はP.64を参照）。

■ ISMS運用組織のイメージ

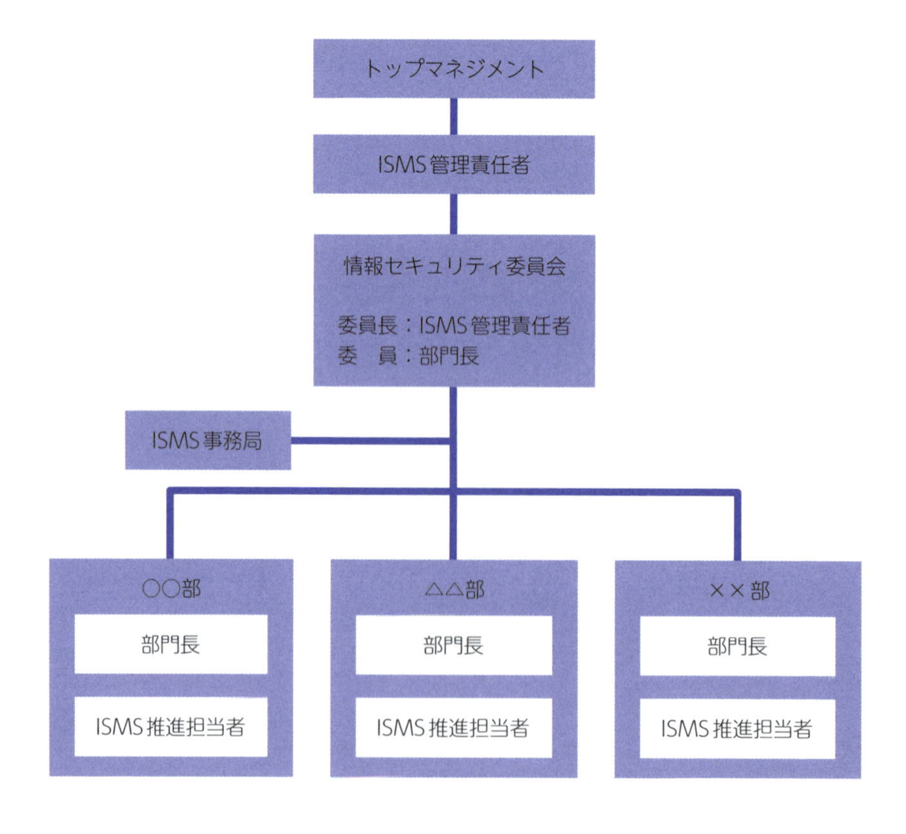

■役割の文書化の例

名称	役割
トップマネジメント	・自社ISMSにおけるトップマネジメントは、代表取締役とする ・ISMSの執行最高責任者として、ISMSの運用を総理する ・管理層の中からISMS管理責任者を任命し、他の責任とは関わりなく、ISMSの目的に応じた責任と権限を与える
ISMS管理責任者	・ISMSの運用管理責任を有し、自社ISMSの実施および運用に関する役割、責任および権限を他の責任と関わりなく持つ ・ISMSが他のリスクマネジメントとの整合性を保つように調整する ・ISMSの運営、各部門間の問題調整について審議するため、情報セキュリティ委員会を設置する ・ISMSの運営全体の事務・補佐を目的として、ISMS事務局を設置する
情報セキュリティ委員会	・ISMS管理責任者が委員長、部長が委員を務め、各部門間の問題調整、ISMSの運営について審議する。また、必要に応じて、委員以外の者を召集することができる ・原則四半期（1月、4月、7月、10月）ごとに開催する。ただし、ISMS管理責任者が必要と判断した場合は、臨時に開催することができる
ISMS事務局	・ISMSの運営全体の事務と運用を補佐する ・自社の業務体系、各部門の職務では管轄されない、ISMS全般の運営に関する事項を統轄する
部門長	・ISMSの円滑な運用に関して所属員の指導統轄、力量評価、配置を行い、トップマネジメントまたはISMS管理責任者への報告、意見具申、他部との連絡調整を行う ・部門長はISMS推進担当者を任命し、部門内のISMSの運営・推進についての権限を与えることができる。なお、ISMS推進担当者は、部門長が兼任してもよい
ISMS推進担当者	・ISMS関連規定および部門長の指示に従い、担当部門のリスクアセスメントを実施し、リスク対応計画を立案する ・ISMS関連規定に定めるセキュリティ対策の実施を推進する ・担当部門の運用状況を部門長に報告する

まとめ ▶ **ISMSの適用範囲と責任体制を明確にする**

68 情報セキュリティ方針の策定

トップマネジメントは、ISO/IEC 27001に適合した情報セキュリティ方針を策定します。方針は、組織におけるISMSの方向性や実現を目指すビジョンとして、関係するすべての要員に伝達します。

情報セキュリティ方針の策定・伝達、目的への展開

トップマネジメントは、**ISMSの方向性や実現を目指すビジョンを示す情報セキュリティ方針を策定**します（情報セキュリティ方針の例はP.62を参照）。

ISO/IEC 27001では、次の①〜④を満たす「情報セキュリティ方針」の策定を要求していますが、これは要求事項の文言の記載を要求しているわけではありません。**組織の内部の人員や利害関係者にとってわかりやすい文書であることが重要**です。

①自社の目的に対して適切である
②情報セキュリティ目的（P.76参照）を含む、または情報セキュリティ目的の設定のための枠組みを示す
③情報セキュリティに関連する適用される要求事項を満たすことへのコミットメントを含む
④ISMSの継続的改善へのコミットメントを含む

策定された情報セキュリティ方針は、文書化するとともに、関係するすべての要員に伝達します。伝達方法としては、組織内に掲示したり、カードにして携行したりするなどの例があります。

また、情報セキュリティ方針は必要に応じてWebサイトに公開したり、利害関係者が立ち入る場所に掲示したりするなど、入手可能な措置を実施します。

■ 情報セキュリティ方針の伝達

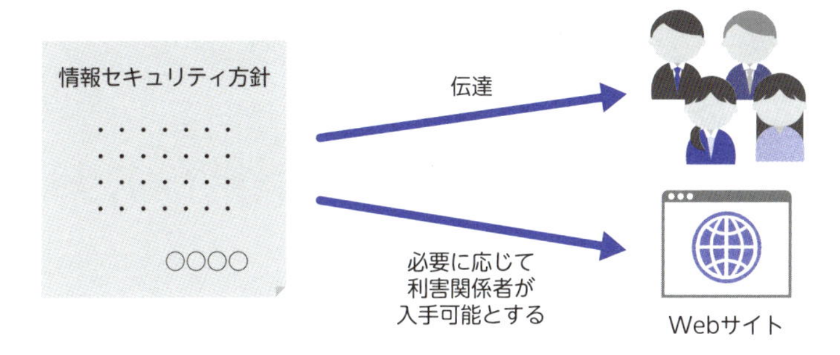

情報セキュリティ方針は、その達成度を判定するために、情報セキュリティ目的を設定します（情報セキュリティ目的の例はP.78を参照）。

情報セキュリティ目的は、組織全体の目的から部門の目的、各自の目的など、ブレイクダウンして設定する場合もあります。

■ 情報セキュリティ方針から情報セキュリティ目的への展開

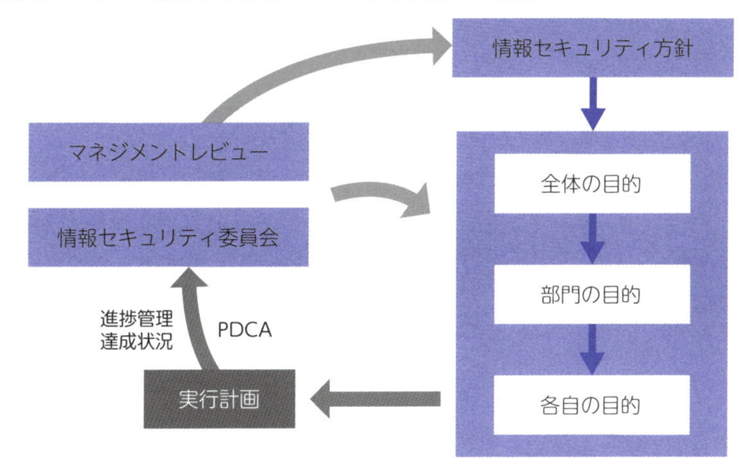

まとめ

- 情報セキュリティ方針は文書化し、関係者全員に周知する

69 リスクアセスメントの実施

組織は、リスクアセスメント実施基準を定め、情報資産の特定や、脅威・ぜい弱性の分析・評価といったリスクアセスメントを実施し、リスク対応を決定して必要な管理策を決定します。

リスクアセスメントの流れ

組織は、適用範囲と責任体制において、「いつ」「誰が」「どのように」リスクアセスメントを実施するのかの手順を確立し、文書化します。

リスクアセスメントは、**①資産特定、②リスクアセスメント（リスク特定、リスク分析、リスク評価）、③リスク対応**の流れで文書化し、この手順に基づいて資産を特定し、現状の対策で受容できるリスクレベルにあるのかを判断します。受容できないリスクについては、追加の管理策（セキュリティ対策）を決定・導入していきます。

■リスクアセスメントの流れ

資産の特定

資産（情報資産や設備機器など）の特定は、一般的に、部門ごとに右表に示す項目が含まれる**「情報資産管理台帳」**にリストアップして特定します。

なお、資産の特定は、一度実施すれば終わりではなく、定期的な見直しのほか、組織変更や新たな業務／プロジェクトが開始される前に見直され、最新の状態に保つ必要があります。

■ 情報資産管理台帳で特定する項目例

特定項目	記載する内容の説明
①分類	○○業務、○○関連、個人管理などの情報や機器の分類
②機密区分	機密性に関する分類区分。一般的に「極秘」「秘」「社外秘」「公開」の4つに区分される ・極秘：“秘”以上に注意を要するもの ・秘：担当従業員にしか見せてはならない／使用させない ・社外秘：従業員・関係機関にしか見せてはならない／使用させない ・公開：社外に公開している／誰でも使用できる
③資産名	書類名、帳票名、データ名やデータが保管されている情報処理機器、ソフトウェアデータベース名
④管理責任者	部長、課長、作成者などの資産の管理責任者
⑤利用範囲	資産を利用・閲覧する範囲
⑥保管媒体	紙媒体、ハードディスク、USBメモリなどの媒体、業務用システム名、機器現物など
⑦保管場所	キャビネット、サーバ室、倉庫、パソコン端末、○○サーバなどが保管されている場所
⑧資産価値	機密性、完全性、可用性の評価値 （評価基準についてはP.69を参照）

資産（情報資産や設備機器など）の特定は、**業務フローで作成・利用する情報を特定する方法と、パソコンやファイルサーバなどに保存されているデータやキャビネットにある情報を確認しながら特定する方法**の2つがあります。

業務フローで特定する場合は、一時的に出力される帳票などで詳細に特定できますが、業務に精通していなければ特定漏れが発生する場合があります。

現物を確認して特定する場合は、比較的かんたんに実施できますが、一時的に出力されるものや管理部門が不明確な資産が漏れやすいため、両方をバランスよく組み合わせて資産を特定するのがよいでしょう。

リスクの特定

(1) 資産のグルーピング（必要に応じて）

資産の特定によって、帳票やデーター つ一つを詳細に特定することができますが、その後のリスクアセスメントが煩雑になるため、グルーピングして**「情報資産管理台帳」**に特定します（P.248～249参照）。グルーピングする際は、次の①～③を考慮します。

①同じ分類の資産名で、「機密区分」「保管媒体」「保管場所」「資産価値（機密性、完全性、可用性）」が同一であれば、グルーピングする
②「最新版」「過去分」など、同じ資産でも可用性が異なるものは分けて特定する
③持ち出し時や保管時など、リスクが大きく異なる重要な資産は、「持ち出し時」「保管時」などに分けて特定する

(2) リスクの特定

リスクの特定では、評価基準（P.68参照）に基づいて特定した資産を取り巻く「脅威」と、脅威に対する固有の弱点である「ぜい弱性」についての評価値を決定します。脅威とぜい弱性の具体的な内容については、個々の資産ごとに詳細に特定すると、作業が複雑になり、リスクアセスメントの見直しが難しくなるので、**「脅威・ぜい弱性一覧表」**のような関係表を参考にして（P.247参照）、脅威とぜい弱性の評価値を決定します。

「脅威・ぜい弱性一覧表」を作成する場合は、意図的、偶発的、環境的の3つの区分で脅威とぜい弱性を整理します。また、関係する媒体を明確にしておくと、評価値の決定に役立ちます。

- **意図的脅威：改ざん、破壊、進入、盗難など**
- **偶発的脅威：紛失、入力ミス、誤った削除など**
- **環境的脅威：落雷、高温、多湿など、資産に影響を与える環境**

■ 脅威・ぜい弱性一覧表の例

分類	脅威（発生しては困る事象）	ぜい弱性（固有の弱点）	媒体：紙	媒体：HDD	媒体：その他
意図的	盗み見・盗聴	外部のスタッフ（清掃員など）による作業	○	○	
		監督下にない外部のスタッフによる作業	○	○	
		プリンター・コピー機への印刷物の放置	○		
	盗難	安全な保管方法の不徹底	○	○	○
		持ち出し時の注意不足	○	○	○
	不法侵入	建物や室内への入退出制限が不適切	○	○	○
		建物、ドア、窓の物理的保護の不足	○	○	○
	不正インストール	インストール制限の不足		○	
		法令遵守への認識不足		○	
偶発的	情報の紛失、漏えい	規制のない複写	○	○	
		パスワードの未設定		○	○
		不適切な情報機器の廃棄、再利用		○	○
		情報（紙、パソコン、記憶媒体など）の持ち出し時の不注意	○	○	○
		誤った削除・廃棄、データ更新	○	○	○
	誤送信（郵送／メール／FAX）	宛先確認不足	○	○	○
		添付データの確認不足		○	
	ウイルス感染	不審なメールの受信、悪意のあるWebサイトの閲覧		○	
		ウイルス対策ソフトの未適用		○	
	トラッシング（ごみ箱あさり）	安全な廃棄ルールの不徹底	○	○	○
	委託先からの漏えい	委託先の管理不足	○	○	○
環境的	火災・その他自然災害	災害に対する訓練不足	○	○	○
		災害時のバックアップや写しがない	○	○	
		災害対策設備の不足	○	○	
	機器、電源の故障・劣化	機器の管理・保守不足		○	

■ 情報資産管理台帳の例

No	分類	機密区分	資産名	管理責任者	利用範囲
1	会議情報	社外秘	○○○書類	○○部長	○○部

保管媒体	保管場所	資産価値		脅威	ぜい弱性	リスク値	
紙	○○部 キャビネット	機密性	3	3	2	18	大
		完全性	2	3	2	12	中
		可用性	1	2	2	4	小
		機密性					
		完全性					
		可用性					
		機密性					
		完全性					
		可用性					
		機密性					
		完全性					
		可用性					
		機密性					
		完全性					
		可用性					
		機密性					
		完全性					
		可用性					
		機密性					
		完全性					
		可用性					
		機密性					
		完全性					
		可用性					
		機密性					
		完全性					
		可用性					
		機密性					
		完全性					
		可用性					

リスクの分析・評価

リスク分析では、「情報資産管理台帳」に特定した各評価値から「リスク値」を算出します。リスク値の算出方法は次のとおりです。

機密性のリスク値＝機密性×脅威×ぜい弱性
完全性のリスク値＝完全性×脅威×ぜい弱性
可用性のリスク値＝可用性×脅威×ぜい弱性

算出した「リスク値」は、リスク受容基準（P.68参照）からリスクレベル（大・中・小など）を明確にし、組織が選択するリスク対応に従ったリスク対応計画を策定します。リスク対応には、たとえば次の①～④が挙げられます（P.72～73参照）。

①リスク低減：リスクに対して適切な管理策（セキュリティ対策）を導入
②リスク回避：対象業務を廃止したり、対象資産を廃棄したりするなど、リスクを生じさせる活動を開始または継続しない
③リスク移転：リスクを他者と共有する。たとえば、サーバ管理を委託したり、事故発生時の損害を保険で担保したりする
④リスク受容：管理する必要のないリスクは現状以上の対策を行わない

■ リスク分析・評価の流れ

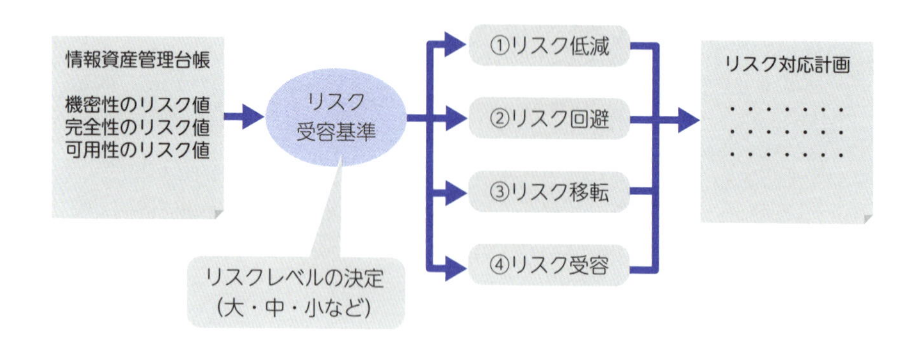

リスク対応

リスク対応では、リスク対応の選択肢の実施に必要なすべての管理策を決定し、導入についての**「リスク対応計画」**を作成します。

計画を作成する際は、**必要な管理策に見落としがないかどうかを附属書A(管理目的及び管理策)と比較し、必要な管理策をすべて導入する**必要があります。なお、附属書Aに規定のない管理策を導入しても問題ありません。

「リスク対応計画」は、リスク受容基準を超えるリスクレベルの資産に対して、リスク対応の選択肢に基づき、実施に必要なすべての管理策を決定し、導入スケジュールや導入後の残留リスクについてリスク所有者の承認を得て策定します。

附属書Aの管理策の導入状況については、**「適用宣言書」**を作成して、導入状況を明確にします（P.74参照）。

■ リスク対応のイメージ

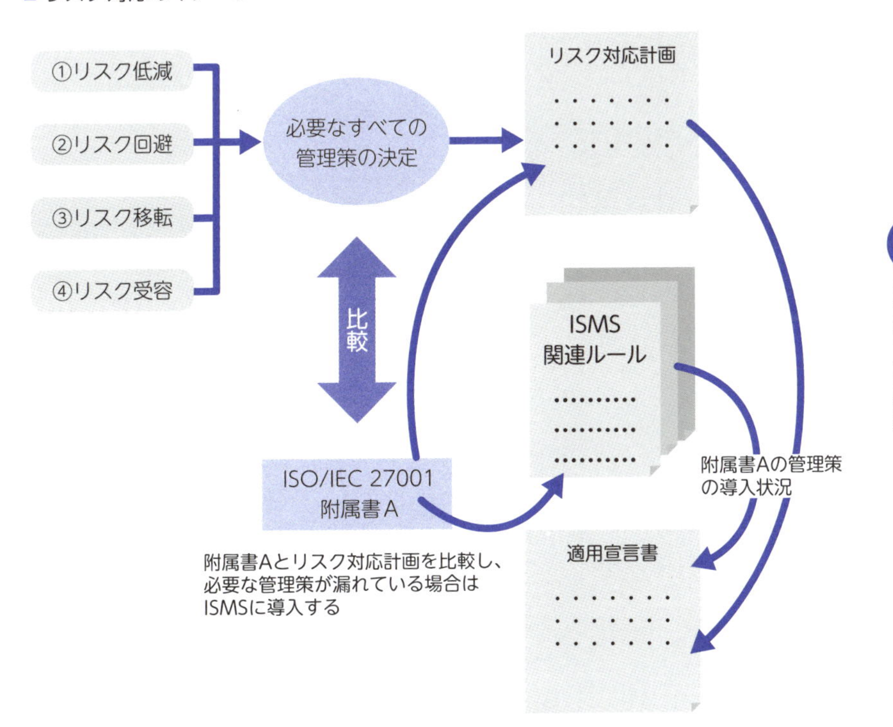

■ リスク対応計画の例

No	資産名	保管媒体	リスク対応				
			選択肢	附属書A管理策No	リスク対応内容	実施責任者	スケジュール
1	○○○書類	紙	リスク低減	A.8.2.3	保管場所を○○に変更し、施錠管理する	○○部長	20XX年XX月完了
2	×××書類	紙	リスク回避	A.8.3.2	指定業者に依頼し、安全に廃棄する	××部長	20XX年XX月完了

資産価値		リスク対応：実施前				リスク対応：実施後			
		脅威	ぜい弱性	リスク値		脅威	ぜい弱性	残留リスク値	
機密性	3	3	2	18	大	2	2	12	中
完全性	2	3	2	12	中	2	2	8	小
可用性	1	2	2	4	小	2	2	4	小
機密性	3	3	2	18	大	0	0	0	小
完全性	2	3	2	12	中	0	0	0	小
可用性	1	2	2	4	小	0	0	0	小
機密性									
完全性									
可用性									
機密性									
完全性									
可用性									
機密性									
完全性									
可用性									
機密性									
完全性									
可用性									
機密性									
完全性									
可用性									
機密性									
完全性									
可用性									

まとめ　リスクアセスメントの実施基準を定めて実施、文書化する

70 ISMS文書の作成

ISMS文書には、ISO/IEC 27001が要求する文書と、組織が必要と判断した文書があります。文書を大別すると、管理のしくみ（マネジメント）に関するものと、セキュリティ対策に関するものがあります。

ISMS構築・導入に必要な文書と記録

ISMSを構築し、導入するためには、ISO/IEC 27001が要求する文書や記録（P.87参照）と、組織が必要と判断した文書や記録を作成する必要があります（P.258参照）。

ISMS文書は、一般的に次の（1）～（12）のような文書や記録を作成します。

（1）情報セキュリティ方針

情報セキュリティ方針は、トップマネジメントが示すISMSの方向性や実現を目指すビジョンとなる文書です（P.242参照）。

（2）ISMSマニュアル（情報セキュリティマネジメント基本規定）

組織のISMSの全体像や基本原則・活動について定めた最上位の文書に位置付けられるもので、トップマネジメントが承認します。

一般的にISMSマニュアルは、**ISO/IEC 27001の構成と要求事項をベースに作成**されます。たとえば、要求事項が「組織は方針を策定しなければならない。」であれば、ISMSマニュアルでは「当社は方針を策定する。」と定めて、ISO/IEC 27001の要求事項を組織のISMSとして確実に取り込んでいきます。

また、情報セキュリティ方針、適用範囲、推進体制図、責任者や部門の責任・権限（P.63参照）など、記載できるものはできるだけISMSマニュアルに規定するようにします。

■ISO/IEC 27001の要求事項からISMSマニュアルを作成するイメージ

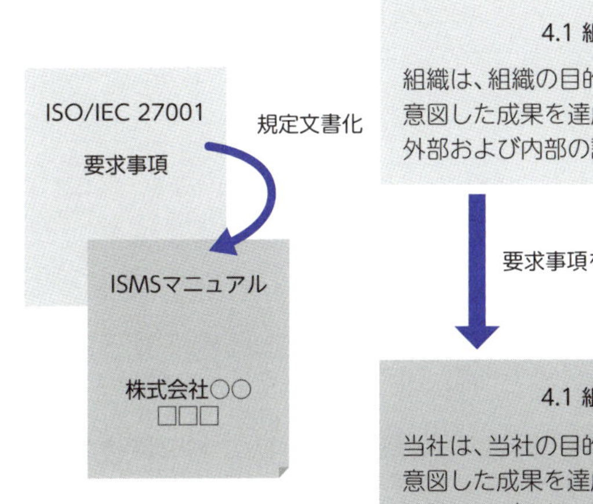

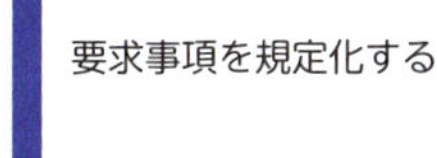

(3) リスクアセスメント規定

リスクアセスメント規定は、資産の特定、リスクアセスメント、リスク対応の実施手順（P.256参照）を定めます。

(4) 適用宣言書

適用宣言書は、附属書Aの各管理策の採否と採否の理由を定めます（適用宣言書の例はP.74を参照）。

(5) 情報セキュリティ目的

情報セキュリティ方針を達成するための情報セキュリティ目的を設定します。情報セキュリティ目的は、計画を作成し、進捗や達成度を評価する必要があります（情報セキュリティ目的の例はP.78を参照）。

(6) 教育・訓練規定

ISMSの要員に求められる力量基準や評価、教育・訓練の計画と実施、有効性の評価を定めます（P.81参照）。

■リスクアセスメント手順の例（P.68～75、P.244参照）

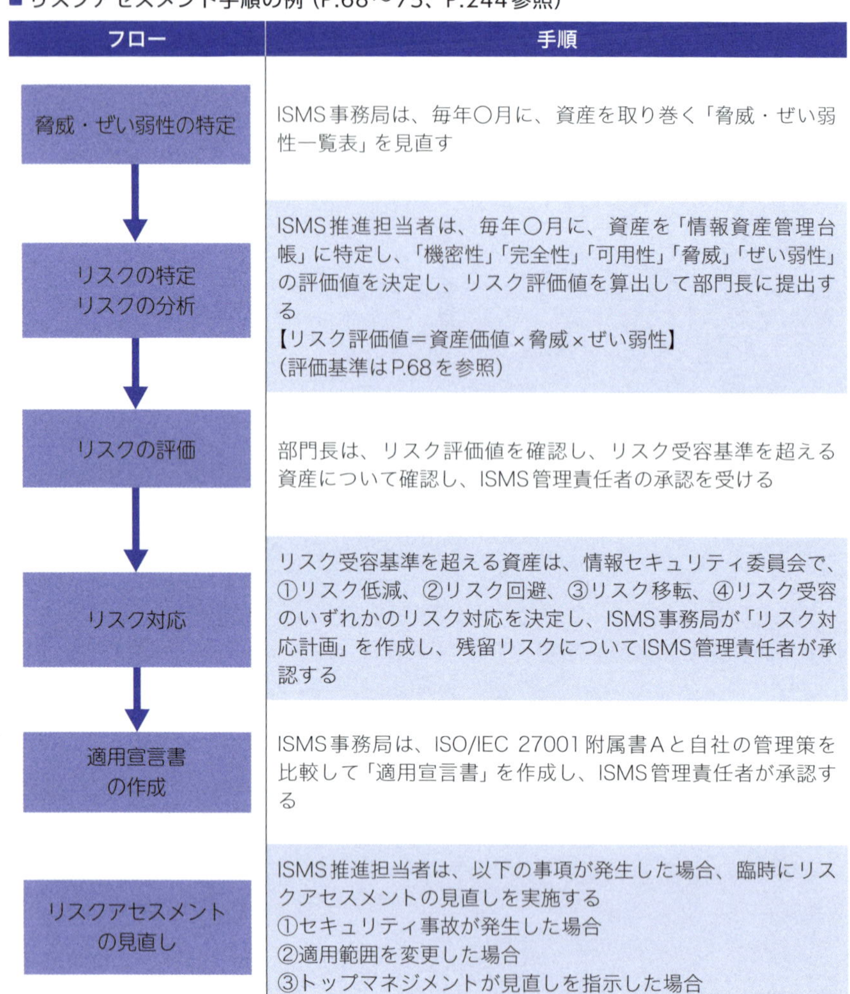

フロー	手順
脅威・ぜい弱性の特定	ISMS事務局は、毎年○月に、資産を取り巻く「脅威・ぜい弱性一覧表」を見直す
リスクの特定 リスクの分析	ISMS推進担当者は、毎年○月に、資産を「情報資産管理台帳」に特定し、「機密性」「完全性」「可用性」「脅威」「ぜい弱性」の評価値を決定し、リスク評価値を算出して部門長に提出する 【リスク評価値＝資産価値×脅威×ぜい弱性】 （評価基準はP.68を参照）
リスクの評価	部門長は、リスク評価値を確認し、リスク受容基準を超える資産について確認し、ISMS管理責任者の承認を受ける
リスク対応	リスク受容基準を超える資産は、情報セキュリティ委員会で、①リスク低減、②リスク回避、③リスク移転、④リスク受容のいずれかのリスク対応を決定し、ISMS事務局が「リスク対応計画」を作成し、残留リスクについてISMS管理責任者が承認する
適用宣言書 の作成	ISMS事務局は、ISO/IEC 27001附属書Aと自社の管理策を比較して「適用宣言書」を作成し、ISMS管理責任者が承認する
リスクアセスメント の見直し	ISMS推進担当者は、以下の事項が発生した場合、臨時にリスクアセスメントの見直しを実施する ①セキュリティ事故が発生した場合 ②適用範囲を変更した場合 ③トップマネジメントが見直しを指示した場合

(7) 文書・記録管理規定

ISMS文書について、次のような管理について定めます（P.87参照）。

・文書の発行・改訂

・文書番号などによる識別方法

・最新版管理と配布・廃棄

・外部文書の管理

(8) 運用管理規定

ISMSで計画したリスクアセスメントやリスク対応計画の実施、セキュリティ対策の管理や監視方法について定めます（P.92参照）。

(9) 内部監査規定

内部監査の計画、実施について定めます。

内部監査は、定められた間隔で実施され、ISMSの改善のために適合性や有効性について評価します（P.98、P.268参照）。

(10) マネジメントレビュー規定

トップマネジメントにISMSの運用状況を報告し、レビューし、ISMSの改善に必要な指示を定めます（P.100参照）。

(11) 是正処置規定

ISMSで発生した不適合（セキュリティ違反や事故など）について、原因を特定し、再発防止の是正処置の実施について定めます（P.102参照）。

(12) 情報セキュリティに関する具体的対策の規定や手順書

リスクアセスメントに基づいて、情報セキュリティについての具体的な取り組み方法を定めます。作成する文書には、一般的に次のような手順が含まれます。

・機密区分に応じた情報の利用・保管などについての手順
・施設への入退管理についての手順
・パソコン、メールなどのサービス利用についての手順
・業務用システムや情報処理機器の管理についての手順
・情報セキュリティインシデント、緊急時対応についての手順
・個人情報保護についての手順

■ ISMS文書・記録一覧の例

No	文書				記録	ISMS文書・記録
	1次	2次	3次	4次	5次	
1	○					情報セキュリティ方針
2	○					ISMSマニュアル
3				○		ネットワーク構成図
4				○		法規制一覧表
5				○		脅威・ぜい弱性一覧表
6				○		情報資産管理台帳
7				○		リスク対応計画
8				○		情報セキュリティ目的
9				○		力量評価スキルマップ
10				○		教育訓練計画
11					○	教育訓練記録
12					○	各会議記録
13				○		ISMS文書・記録一覧表
14				○		情報セキュリティマネジメントプログラム
15				○		内部監査計画書
16					○	内部監査チェックリスト
17					○	内部監査報告書
18					○	マネジメントレビュー議事録
19					○	是正処置報告書
20		○				適用宣言書
21		○				情報取扱規定
22					○	情報機器・記憶媒体持出申請書
23		○				施設入退管理規定
24				○		レイアウト図
25					○	来訪者記録票
26		○				情報システム管理規定
27					○	ユーザー登録・変更・削除申請書
28				○		情報処理機器・記憶媒体管理台帳
29				○		ライセンス管理台帳
30				○		情報セキュリティに関する調査票
31		○				セキュリティインシデント対応規定
32					○	セキュリティインシデント報告書
33		○				個人情報取扱規定
34				○		開示等請求書
35		○				緊急時対応規定
36				○		緊急連絡網

まとめ

- **ISMSを構築・導入するためには、ISMS文書の作成が必要**

19章

情報セキュリティマネジメントシステムの運用・認証取得

最終章では、情報セキュリティマネジメントシステムを運用していくうえで実施すべきことについて解説しています。また、ISO/IEC 27001を認証取得するための流れや、認証取得後の維持・更新について解説します。

71 ISMS導入教育の実施

ISMS導入時には、組織が定めるISMSの力量基準に基づいて各要員を評価し、必要な教育・訓練を計画・実施し、有効性を評価します。この教育・訓練によって、情報セキュリティについての認識を持たせます。

力量評価に基づく教育訓練と記録の作成

ISMSを運用するには、関係する要員に必要な力量と認識を持たせる必要があります。組織は、**ISMSの力量基準を設定・評価し、必要な力量を持つための教育・訓練を実施**しなくてはなりません。

力量評価は、一般的にISMSの運用の役割や業務ごとに評価項目を設けて、部門長やISMS管理責任者が評価します。また、力量評価は、定期的な見直しも必要です（力量評価の項目例はP.82を参照）。

力量を評価したら、組織の教育・訓練の手順に従って必要な教育・訓練を計画します。実施する教育・訓練には、次の（1）～（6）のようなものがあります。

（1）全社員教育

全社員に必要な認識や力量を保持・維持させるために、次のような内容について教育を実施します。一般的に全社員教育は、年1回程度は実施します。

①組織を取り巻く情報セキュリティ課題（P.52～55参照）
②情報セキュリティ方針（P.61参照）
③情報セキュリティ目的（P.76参照）
④リスクアセスメントの結果（P.68参照）
⑤リスク対応計画（P.72参照）
⑥全社共通の情報や媒体の取り扱い（P.126～132参照）
⑦全社共通の入退管理策（P.152参照）
⑧全社共通のパソコンや社内システムの取り扱い、事象の報告

(2) 入社時教育

新入社員を対象に、全社員教育と同等の内容の教育を実施します。

(3) 緊急時対応訓練

A.17.1.3「情報セキュリティ継続の検証、レビュー及び評価」では、定められた間隔で情報セキュリティ継続の訓練を実施して検証することが要求されています。ISMS導入では、緊急時対応訓練の中で情報セキュリティ継続の訓練もいっしょに実施するとよいでしょう。

■ 教育・訓練手順の例

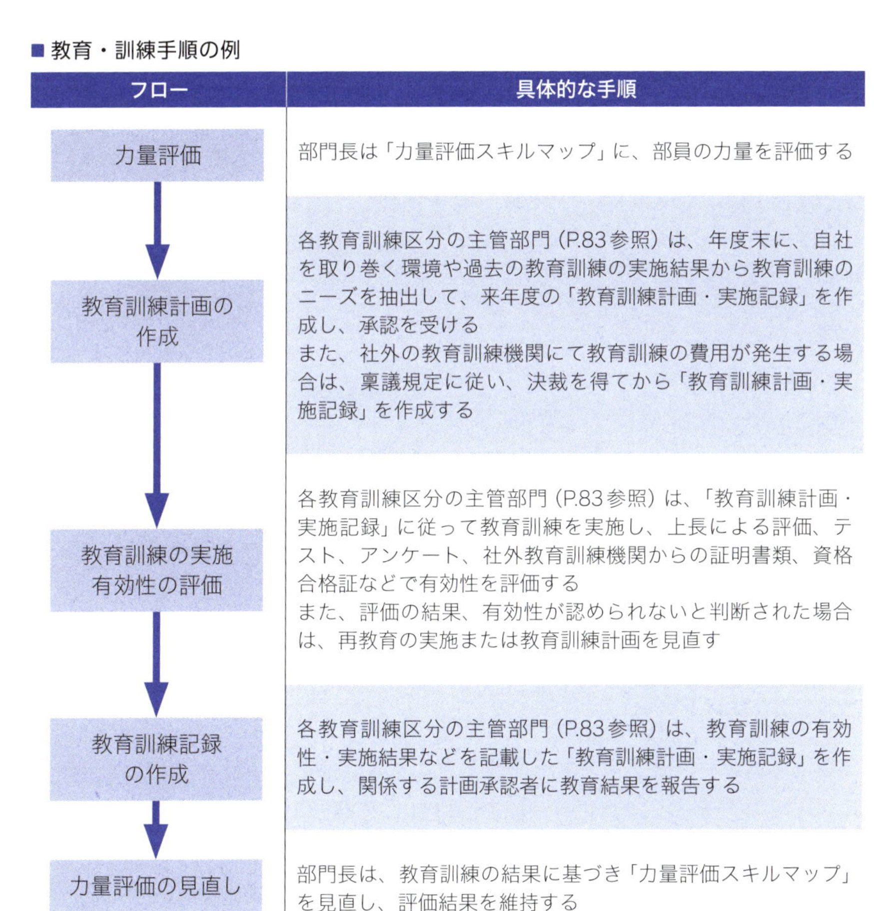

フロー	具体的な手順
力量評価	部門長は「力量評価スキルマップ」に、部員の力量を評価する
教育訓練計画の作成	各教育訓練区分の主管部門(P.83参照)は、年度末に、自社を取り巻く環境や過去の教育訓練の実施結果から教育訓練のニーズを抽出して、来年度の「教育訓練計画・実施記録」を作成し、承認を受ける また、社外の教育訓練機関にて教育訓練の費用が発生する場合は、稟議規定に従い、決裁を得てから「教育訓練計画・実施記録」を作成する
教育訓練の実施 有効性の評価	各教育訓練区分の主管部門(P.83参照)は、「教育訓練計画・実施記録」に従って教育訓練を実施し、上長による評価、テスト、アンケート、社外教育訓練機関からの証明書類、資格合格証などで有効性を評価する また、評価の結果、有効性が認められないと判断された場合は、再教育の実施または教育訓練計画を見直す
教育訓練記録の作成	各教育訓練区分の主管部門(P.83参照)は、教育訓練の有効性・実施結果などを記載した「教育訓練計画・実施記録」を作成し、関係する計画承認者に教育結果を報告する
力量評価の見直し	部門長は、教育訓練の結果に基づき「力量評価スキルマップ」を見直し、評価結果を維持する

(4) 業務に関連するセキュリティ教育

業務に関連する個別のセキュリティ対策について、担当する部門や新任者を対象に教育・訓練を実施します。たとえば、次のような教育・訓練があります。

①個別業務や業務用システムの情報の取り扱い（P.126参照）
②情報処理施設の入退管理策（P.152参照）
③情報処理施設の設置・保守（P.160参照）
④業務システムやネットワークの管理（14～15章参照）
⑤業務用システムの開発（P.192～204参照）
⑥供給者の管理（P.205～210参照）
⑦インシデントへの対応（P.212～219参照）

(5) 社外研修

組織内で教育・訓練できる要員がいない場合は、外部の教育機関が実施する教育・訓練などを受講させます。

(6) 内部監査員教育

ISMSの内部監査員は、一般的に次のような力量基準を定めて教育・訓練を計画し、実施します。なお、内部監査員の教育・訓練が組織内で実施できない場合は、外部の教育機関が実施する教育・訓練を受講させます。

①ISO/IEC 27001規格の理解
②組織のISMSについての理解
③監査の知識、実務についての理解と力量

教育・訓練は、**必要な力量を保有することが重要**なので、テストやアンケート、上長の評価など、必ず有効性を評価し、記録を作成します。外部で教育・訓練を受ける場合は、組織内で承認された決裁書類を計画とし、受講証明書類を記録としても問題ありません。

■ 教育訓練計画・実施記録の様式例

教育訓練計画

教育訓練名		承認
計画年月日		
教育者または機関名		作成
教育対象者		

実施記録

実施年月日			
受講者			
実施内容	（目的） （内容）		
教育効果 （有効性評価）			
添付資料 （テキスト）			
備考		承認	作成

ISMSの運用に関係する要員に対して教育・訓練を実施する

72 ISMS運用の管理

ISMSの運用管理では、リスクアセスメントやリスク対応、情報セキュリティ対策の実施を管理し、不適合や不備が発見された場合に、是正処置など必要な処置を実施します。

ISMSで定めた活動の運用管理

ISMSの運用では、次の（1）～（3）の実施を管理します。

（1）リスクアセスメント（P.68、18章参照）

6.1.2「情報セキュリティリスクアセスメント」で構築したリスクアセスメントの手順に従った「情報資産管理台帳」の作成・見直しの確実な実施を管理します。

（2）リスク対応（P.72、18章参照）

6.1.3「情報セキュリティリスク対応」に従って作成したリスク対応計画書に沿ったリスク対応の確実な実施を管理します。

（3）情報セキュリティ対策

ISMSで実施を計画したセキュリティ対策の確実な実施を管理します。情報セキュリティ対策を確実に運用するためには、**「情報セキュリティマネジメントプログラム」**（P.266参照）など、実施時期が特定できる管理策を一覧にして管理するのがよいでしょう。

■情報セキュリティマネジメントプログラムの作成イメージ

実施時期が特定できる
管理策を記載

情報セキュリティ
マネジメントプログラム

情報セキュリティマネジメントプログラムは、**ISMS事務局や各部門長が実施を管理している活動や管理策を記載して、定期的に実施状況を確認し、ISMS管理責任者やトップマネジメントに報告**するものです。

ISMS管理責任者やトップマネジメントは、管理策が実施できていない場合や、セキュリティ事象やインシデントの発生について、不適合かどうかを識別し、是正処置の実施を指示します。

■ 情報セキュリティマネジメントプログラムによる運用手順の例

フロー	具体的な手順
プログラムの作成	ISMS事務局は、年度末に、来期の情報セキュリティ目的と運用管理区分を管理するための「情報セキュリティマネジメントプログラム」を作成し、ISMS管理責任者の確認後、トップマネジメントの承認を受ける ISMS事務局は、「情報セキュリティマネジメントプログラム」を維持管理する
運用報告	ISMS事務局は、「情報セキュリティマネジメントプログラム」の各部門の実施状況を確認し、結果を記載する ISMS事務局は、3月、6月、9月、12月に「情報セキュリティマネジメントプログラム」をISMS管理責任者に提出し、ISMSの運用状況を報告する ISMS管理責任者は、6月と12月に「情報セキュリティマネジメントプログラム」をトップマネジメントに提出し、運用状況を報告する
不適合の識別 是正処置	各ISMS管理責任者は提出された「情報セキュリティマネジメントプログラム」を確認し、不適合を識別し、是正処置の実施を指示する 是正処置実施の指示を受けた各報告部門は、手順に従い是正処置を実施する
プログラムの見直し	ISMS事務局は、以下の事項が発生した場合「情報セキュリティマネジメントプログラム」の見直しを実施する ①セキュリティ関連規定が変更された場合 ②自社ISMSの適用範囲が変更された場合 ③その他、トップマネジメントまたはISMS管理責任者が見直しを指示した場合

■ 情報セキュリティマネジメントプログラムの例

No.	ISMS運用事項	1月	2月	3月	4月
1	＜リスクアセスメント規定＞ 「情報資産管理台帳」の作成・見直し（4月）				□実施済 □未実施
2	＜教育・訓練規定＞ 「教育訓練計画書」の作成（1月）	□作成済 □未作成			
3	＜内部監査規定＞ 「内部監査計画書」の作成（1月）	□作成済 □未作成			
4	＜マネジメントレビュー規定＞ マネジメントレビューの実施（12月）				
5	＜情報システム利用規定＞ ログインパスワードの変更（4月）				□実施済 □未実施
6	＜情報システム管理規定＞ ○○システムの利用者登録の見直し（3月、6月、9月、12月）			□実施済 □未実施	
7	＜インシデント対応規定＞ セキュリティ弱点・事象の報告管理（毎月）	□報告無 □報告有	□報告無 □報告有	□報告無 □報告有	□報告無 □報告有
	ISMS管理者の確認（毎月）				
	トップマネジメントの確認（3月、6月、9月、12月）				

5月	6月	7月	8月	9月	10月	11月	12月
							□実施済 □未実施
	□実施済 □未実施			□実施済 □未実施			□実施済 □未実施
□報告無 □報告有	□報告無 □報告有	□報告無 □報告有	□報告無 □報告有	□報告無 □報告有	□報告無 □報告有	□報告無 □報告有	□報告無 □報告有

まとめ 不適合や不備が発見された場合は必要な処置を施す

73 内部監査の実施

内部監査は、ISMSがISO/IEC 27001や組織が求める情報セキュリティ要求に適合しているか、有効に機能しているかを確認するために、定められた間隔（年1回以上）で実施します。

内部監査の実施手順と記録

内部監査は、組織のISMSのパフォーマンスを改善するための情報を提供するため、次の事項を目的に**定期的に実施**します。

- **組織が定めた活動ができているか**
- **ISO/IEC 27001が要求する活動ができているか**
- **ISMSが有効に実施され、維持されているか**

内部監査では、次の（1）〜（5）の準備や実施が必要になります（P.98参照）。

（1）内部監査実施手順の確立

内部監査の計画および実施、結果の報告、記録の維持の手順を「内部監査規定」などに記します。内部監査規定は、次のような目次で作成されます。

①目的
②適用範囲
③用語の定義
④内部監査員の資格、任命
⑤監査実施手順
ー 監査計画書の作成
ー チェックリストの作成
ー 内部監査の実施
ー 監査報告書の作成
⑥是正処置
⑦監査記録の管理

■ 内部監査実施手順の例

フロー	具体的な手順
内部監査員の任命	ISMS管理責任者は、社内・外で内部監査員養成教育を修了した者の中から内部監査員を任命し、「ISMS内部監査員任命表」に登録する
監査計画	ISMS事務局は、年度末に、ISMS上の重要度および前回の内部監査結果を考慮して、監査目的、監査実施月、被監査部門、担当する内部監査員を明確にした来年度の「内部監査計画書」の年間計画（原則〇月）を作成し、ISMS管理責任者が承認する
監査準備	内部監査員は、被監査部門と内部監査実施日を調整し、担当する部門の前回の内部監査結果を考慮して「内部監査チェックリスト」を作成する
監査実施	内部監査員は、監査を実施し、監査証拠および監査所見を「内部監査チェックリスト」に記載する ＜監査所見＞ 適　合：監査基準を満たしている 不適合：監査基準を逸脱している／満たしていない事象 観　察：不適合と判断するには監査基準が不明確、または監査証拠不足で、修正の実施と改善を推奨する事象 その他："提案""Good Point"など
監査報告書の作成	内部監査員は、内部監査実施後、速やかに「内部監査報告書」を作成し、被監査部門長の確認後、ISMS管理責任者が承認する
是正処置の計画	被監査部門は、内部監査で指摘された不適合1件ごとに対して、不適合内容、原因、是正処置計画などを記載した「是正処置報告書」を作成し、内部監査員の確認後、ISMS管理責任者が承認する
是正処置の実施	被監査部門は、承認された是正処置計画を実施し、結果を「是正処置報告書」に記載して、内部監査員に提出する
是正処置の有効性確認	内部監査員は、実施された是正処置の有効性（不適合が再発していないかどうか）の確認を実施し、有効性があれば「是正処置報告書」に是正処置完了の旨を記載して、ISMS管理責任者の承認を受ける

(2) 監査計画の作成

監査計画は、部門・業務の重要性、状態（セキュリティ事象やインシデントの発生状況など）と前回までの監査の結果を考慮して、次の内容を考慮して作成します。

① 監査の目的
② 監査の範囲（対象とする部門・業務、ISO/IEC 27001の要求事項など）
③ 監査の時期（タイミング）
④ 監査基準
⑤ 監査の手順、方法

■ 内部監査計画書の例

監査目的：ISMS構築状況、運用状況の確認													
監査基準：ISO/IEC 27001、ISMSマニュアル、規定、手順など													
被監査部門／業務	4月	5月	6月	7月	8月	9月	10月	11月	12月	1月	2月	3月	監査員
トップマネジメント							●						○○○
ISMS管理責任者							○						○○○
××部							○						×××

○：計画　●：実施完了

(3) 内部監査の準備

内部監査員は、担当する部門や業務について監査を実施するために、**「内部監査チェックリスト」**を作成します。

内部監査チェックリストは、被監査者に対して監査で質問する項目を整理したもので、チェックリストを活用することによって、的確な監査証拠の収集、監査漏れの防止、記録を残せるなど、監査を効率的に行うことができます。

一般的にチェックリストには、①チェック項目（証拠収集のための質問や確認事項）、②証拠として見るもの（適合・不適合を判断するための証拠となる文書、記録、説明、活動など）を記入し、次の①～③の流れで作成します。

①監査するISO/IEC 27001要求事項の決定

監査計画書の範囲や被監査部門の文書（P.63参照）を確認し、被監査者に対して監査でチェックする要求事項を決定する。

②要求事項を質問（疑問形）に置き換える

監査するISO/IEC 27001要求事項を疑問形にして、質問事項にする。

■チェックリスト作成の基本

ISO/IEC 27001要求事項

7.5.2「作成及び更新」
文書化した情報を作成及び更新する際、組織は、次の事項を確実にしなければならない。
a）適切な識別及び記述
b）適切な形式及び媒体
c）適切性及び妥当性に関する、適切なレビュー及び承認

↓ たとえば、c)を疑問形にすると

質問事項

文書化した情報を作成及び更新する際に、“適切性及び妥当性に関する、適切なレビュー及び承認”をしていますか？

また、質問を「教えてください」「見せてください」という“きっかけ”にして、監査実施中に追加の質問をすることによって監査証拠を収集し、監査基準との適合を確認することを意図したチェックリストを作成する場合もあります。

③可能な場合、監査証拠となるものを記入

質問事項に対して、監査基準に適合か不適合かを判定するための監査証拠があらかじめ想定できる場合は、監査チェックリストに記入しておく。たとえば、文書、記録、責任者／担当者の説明、現場の観察などが調査するものとなる。

■ 内部監査チェックリストの例

ISMSマニュアルの規定内容 （監査基準）	チェック項目 （質問など）
4.1　組織及びその状況の理解 当社は、当社目的に関連し、かつ、そのISMSの意図した成果を達成する当社の能力に影響を与える、外部および内部の課題を決定し、「外部・内部の課題一覧表」に明確にする。	質問：当社の外部・内部の課題を説明してください。
4.2　利害関係者のニーズ及び期待の理解 当社は、次の事項を決定し、「利害関係者からの要求事項一覧表」に明確にする。 a) ISMSに関連する利害関係者 b) その利害関係者の、情報セキュリティに関連する要求事項	質問：当社ISMSの利害関係者と要求される情報セキュリティの内容について説明してください。
⋮	⋮
5.2　方針 トップマネジメントは、次の事項を満たす「情報セキュリティ方針」を確立する。 a) 当社の目的に対して適切である。 ⋮ d) ISMSの継続的改善へのコミットメントを含む。	質問：「情報セキュリティ方針」を見せてください。
情報セキュリティ方針は、次に示す事項を満たす。 e) 文書化した情報として利用可能とする。 f) 当社内に掲示し、伝達する。 g) 必要に応じてWebサイトなどに公開し、利害関係者が入手可能にする。	質問：「情報セキュリティ方針」の社内周知方法について教えてください。 質問：「情報セキュリティ方針」の社外への公表方法について教えてください。
⋮	⋮

証拠として見るもの （期待すべき回答や状態）	確認した内容 （監査証拠）	監査所見
回答：「外部・内部の課題一覧表」に明確にしています。 確認：「外部・内部の課題一覧表」が作成されている。 「外部・内部の課題一覧表」の課題に漏れもなく、妥当性がある。		□適　合 □不適合 □観察・改善 □Good Point
回答：「利害関係者からの要求事項一覧表」に明確にしています。 確認：「利害関係者からの要求事項一覧表」が作成されている。 「利害関係者からの要求事項一覧表」の課題に漏れもなく、妥当性がある。		□適　合 □不適合 □観察・改善 □Good Point
⋮	⋮	⋮
確認：「情報セキュリティ方針」にa）～d）の項目が含まれている。		□適　合 □不適合 □観察・改善 □Good Point
確認：最新版の「情報セキュリティ方針」が全員が確認できる場所に掲示されている。 確認：最新版の「情報セキュリティ方針」がWebサイトに掲載されている。		□適　合 □不適合 □観察・改善 □Good Point
⋮	⋮	⋮

(4) 内部監査の実施

内部監査員は、「内部監査チェックリスト」を用いて監査証拠を収集し、監査基準と対比して適合・不適合などを決定し、「監査報告書」を作成します。

監査証拠の収集は、文書や手順の確認だけでなく、内部監査員が次のように実態を確認することが重要です。

①事務所などの現場で何が行われているかを実際に見る

②質問に対する「はい、やっています」というだけの回答に満足せず、証拠で実施結果を確認する

■ 内部監査報告書の例

<table>
<tr><td colspan="6">監査目的：監査基準とISMS運用の適合性</td></tr>
<tr><td colspan="6">監査基準：ISO/IEC 27001、ISMSマニュアル</td></tr>
<tr><td colspan="3">被監査部門名：○○部</td><td colspan="3">監査実施日：20XX年XX月XX日</td></tr>
<tr><td colspan="3">被監査部門出席者：○○部長、○○課長</td><td colspan="3">監査員：○○、○○</td></tr>
<tr><td>No.</td><td>監査所見（不適合などの内容）</td><td>要求項目</td><td>不適合</td><td>観察</td><td>是正要求</td></tr>
<tr><td>1</td><td>情報システム管理規定では、情報システムに関する委託先について、毎年○月に「セキュリティに対する調査票」で評価して、Bランク以上を「委託先一覧表」に登録することになっているが、「セキュリティに対する調査票」を見直すと、記録がない○○社が「委託先一覧表」に登録されていた。</td><td>A.15.1.1</td><td>○</td><td></td><td>○</td></tr>
<tr><td>2</td><td>…</td><td></td><td></td><td></td><td></td></tr>
<tr><td colspan="6">監査結果（重要な問題、不適合の傾向、全般的な評価など）
不適合が1件、観察事項が○件発見されたが、監査目的について重大なインシデントを引き起こす内容ではなく、監査基準とISMS運用の適合性について問題がないことが確認できた。</td></tr>
<tr><td colspan="3">被監査部署責任者確認：</td><td colspan="3">ISMS管理責任者承認：</td></tr>
</table>

(5) 是正処置 （P.102参照）

監査報告書で是正処置が要求された不適合について、被監査者は是正処置を実施します。是正処置は定められた様式（内部監査是正報告書）によって、次の手順で行います。

①不適合の修正

②原因、類似の不適合の有無または発生する可能性の調査

③是正処置の計画

④是正処置計画の確認

⑤是正処置の実施、結果の報告

⑥是正処置の有効性の確認

■ 是正処置報告書の例

<table>
<tr><td rowspan="2">被監査部門
〇〇部</td><td>監査日：20XX年XX月XX日</td><td colspan="2">報告書No.　XXX</td></tr>
<tr><td>監査員：〇〇〇〇</td><td colspan="2">発行日：20XX年XX月XX日</td></tr>
<tr><td colspan="4">不適合内容
A.15.1.1 供給者関係のための情報セキュリティの方針
情報システム管理規定では、情報システムに関する委託先について、毎年〇月に「セキュリティに対する調査票」で評価して、Bランク以上を「委託先一覧表」に登録することになっているが、「セキュリティに対する調査票」を見直すと、記録がない〇〇社が「委託先一覧表」に登録されていた。</td></tr>
<tr><td colspan="4">修正（不適合に対する暫定／応急処置）
1年間取引がなく、取引実績に基づく評価ができなかったため評価から漏れていた。
〇〇社に「セキュリティに対する調査票」を送付し、回答を評価して「委託先一覧表」に登録する。</td></tr>
<tr><td colspan="4">原因調査（根本原因の追究、類似の問題点の調査など）
1年間取引のなかった委託先の再評価ルールが決められていなかった。</td></tr>
<tr><td colspan="4">是正処置計画（実施および効果の確認の予定記入）
〇〇部の責任者が、一定期間取引のない委託先の再評価ルールを定め、関係者に周知する。
（実施時期　XX月末まで）
報告：20XX年XX月XX日
被監査部門長サイン：〇〇部長　　　　監査員サイン：〇〇〇〇</td></tr>
<tr><td colspan="4">是正実施確認
計画に従い、情報システム管理規定の委託先の評価ルールを見直して改訂し、XX月に教育を実施した。
報告：20XX年XX月XX日　　　　被監査部門長サイン：〇〇部長</td></tr>
<tr><td colspan="2" rowspan="4">有効性確認
一定期間取引のない委託先について、毎年XX月に見直すように委託先管理規定が改訂され、教育が実施されたことを確認した。XX月に改訂された規定に従い、委託先が評価されていることを確認し、不適合が再発していないことを確認した。</td><td>報告</td><td>20XX年XX月XX日</td></tr>
<tr><td>監査員</td><td>〇〇〇〇</td></tr>
<tr><td>被監査部門長</td><td>〇〇部長</td></tr>
<tr><td>管理責任者</td><td>□□□□</td></tr>
</table>

ISMSの適合性や有効性を評価するために内部監査を実施する

74 マネジメントレビューの実施

マネジメントレビューは、トップマネジメントが、ISMSが適切、妥当かつ有効であることを確実にするために、あらかじめ定められた間隔（年1回以上）で実施します。

マネジメントレビューの実施手順と記録

ISMSでは、**あらかじめ定められた間隔（年1回以上、毎年○月など）**で、次の（1）～（2）を満たすマネジメントレビューを実施することが要求されています（P.100参照）。

（1）マネジメントレビューの準備

マネジメントレビューへの報告事項は、ISO/IEC 27001で明確に要求されているため、ISMS管理責任者が、次の内容について報告書などに取りまとめてトップマネジメントに報告します。

①トップマネジメントから指示された改善活動についての進捗や結果の報告
②事業の環境や内容の変化、法規制の改正など、組織を取り巻く課題の変化
③次の情報セキュリティパフォーマンスの実績報告
―不適合に対する是正処置の実施状況
―情報セキュリティパフォーマンスとISMSの有効性についての監視および測定の結果
―内部監査や取引先からの監査、ISO審査などの結果
―情報セキュリティ目的の達成や未達成の数など
④顧客などからの情報セキュリティに関する意見や指示・要望・対応結果
⑤リスクアセスメントで特定された新しいリスクや、リスク対応計画の進捗とその結果
⑥トップマネジメントへの改善提案

(2) トップマネジメントからの改善指示

ISMSの状況について報告を受けたトップマネジメントは、改善処置やISMSのしくみ、ルールの変更・見直しについて指示します。

■ マネジメントレビュー実施手順の例

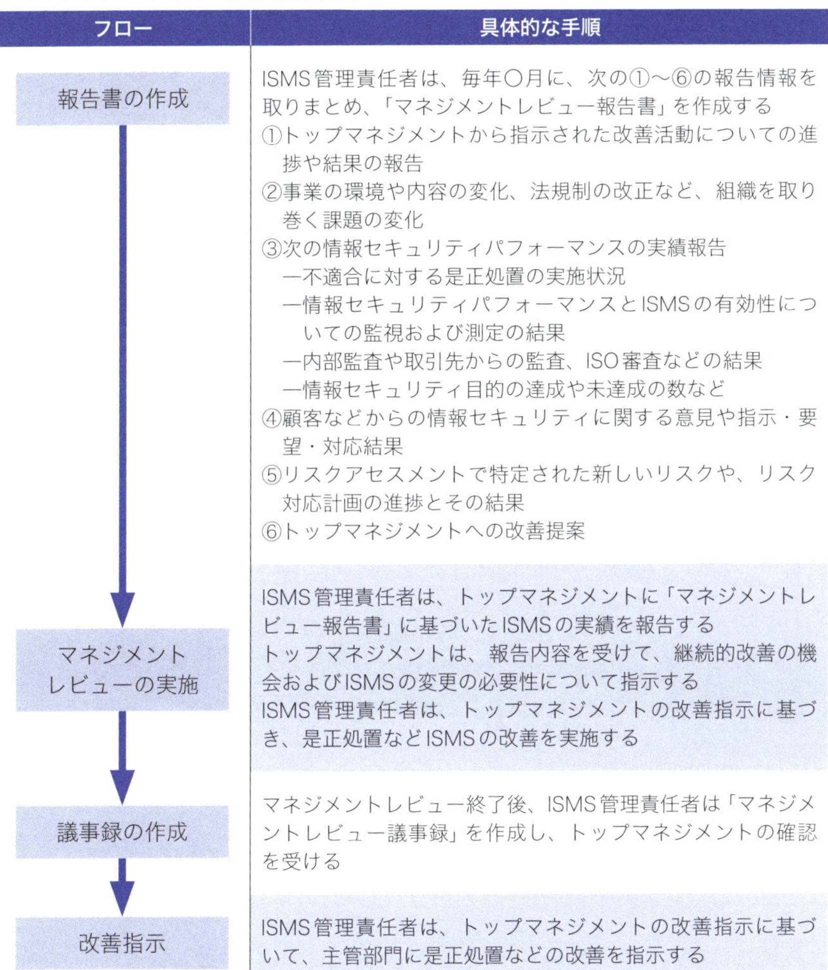

フロー	具体的な手順
報告書の作成	ISMS管理責任者は、毎年○月に、次の①～⑥の報告情報を取りまとめ、「マネジメントレビュー報告書」を作成する ①トップマネジメントから指示された改善活動についての進捗や結果の報告 ②事業の環境や内容の変化、法規制の改正など、組織を取り巻く課題の変化 ③次の情報セキュリティパフォーマンスの実績報告 —不適合に対する是正処置の実施状況 —情報セキュリティパフォーマンスとISMSの有効性についての監視および測定の結果 —内部監査や取引先からの監査、ISO審査などの結果 —情報セキュリティ目的の達成や未達成の数など ④顧客などからの情報セキュリティに関する意見や指示・要望・対応結果 ⑤リスクアセスメントで特定された新しいリスクや、リスク対応計画の進捗とその結果 ⑥トップマネジメントへの改善提案
マネジメントレビューの実施	ISMS管理責任者は、トップマネジメントに「マネジメントレビュー報告書」に基づいたISMSの実績を報告する トップマネジメントは、報告内容を受けて、継続的改善の機会およびISMSの変更の必要性について指示する ISMS管理責任者は、トップマネジメントの改善指示に基づき、是正処置などISMSの改善を実施する
議事録の作成	マネジメントレビュー終了後、ISMS管理責任者は「マネジメントレビュー議事録」を作成し、トップマネジメントの確認を受ける
改善指示	ISMS管理責任者は、トップマネジメントの改善指示に基づいて、主管部門に是正処置などの改善を指示する

まとめ ▶ **ISMSの適切性、妥当性、有効性を定期的にレビューする**

75 ISO/IEC 27001登録審査と維持審査・更新審査

ISO/IEC 27001登録審査は、第一段階と第二段階の審査を受けて認証取得となります。その後は、サーベイランス審査（年1回または2回）、3年ごとの更新審査を受けて認証を維持します。

ISO/IEC 27001の審査準備と審査内容

ISO/IEC 27001を認証取得するためには、**認証機関による審査で適合性について認証される必要があります**。

■ ISO/IEC 27001登録審査とその後の維持・更新審査の流れ

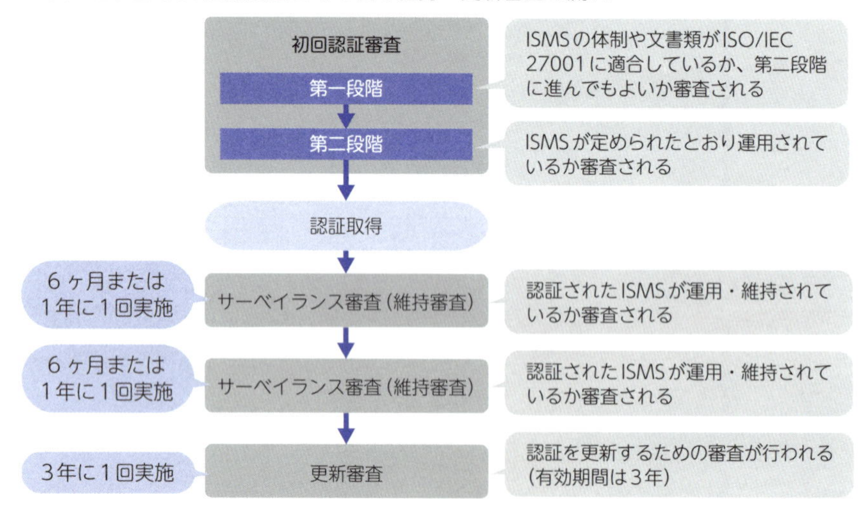

ISO/IEC 27001の認証機関の選定や審査、その後の維持・更新審査については、次の（1）～（6）の流れになります。

（1）認証機関の選定と審査の申し込み

組織は、費用や審査を受けたい時期に対応できるかなどを比較して、認証機関（各認証機関についてはP.21を参照）を選定し、審査を申し込みます。

審査の申し込みは、各認証機関で所定の様式に必要事項を記載します。認証機関によって様式がやや異なりますが、おおむね次の①～⑦の情報を事前に提供します。

①審査の希望時期
②適用範囲（組織名、所在地、対象人数、対象業務）
③運営組織図
④ ISMSマニュアルなど責任権限がわかる文書
⑤適用宣言書
⑥情報システムやネットワーク構成図
⑦所在地までのアクセスマップ

(2) 審査事前準備

審査申し込み後、担当する審査員と審査日や当日のプログラムについて調整します。また、次の①～⑤のような事前準備をしておくと、審査が円滑に進行します。

①トップマネジメントやISMS管理責任者、情報システムの管理者など、審査に出席する必要のある各責任者の日程調整
②プリントアウトしたISMS文書一式。ISMS文書の原本が電子データの場合は、プロジェクターや大型モニタの手配
③審査を実施する会議室の確保（可能であれば審査員の控室）
④審査当日の案内役
⑤工場など安全上の配慮が必要な場所に審査員が立ち入る場合は、ヘルメットなどの準備

事前準備の内容は、第一段階審査、第二段階審査ともに共通しますが、上記の他に準備するものがないか、事前に審査員によく確認しておく必要があります。

(3) 第一段階審査

第一段階審査では、**審査員から事前に日程調整されたプログラムに基づき、ISMSの構築状況について文書を中心に確認され、第二段階審査のための情報収集や実施できるかどうかの判断が行われます**（プログラム例はP.35を参照）。

第一段階審査では、主に次の①〜⑬の確認が実施されます。

①外部・内部の課題、利害関係者の要求を考慮して、ISMS適用範囲が明確に決定されているか？（4章参照）
②情報セキュリティ方針が策定されているか？（P.61参照）
③ISMSの運用組織、責任・権限が明確になっているか？（P.63参照）
④情報セキュリティリスクアセスメントのプロセスが構築されているか？（P.68参照）
⑤情報セキュリティリスク対応計画が作成されているか？（P.72参照）
⑥情報セキュリティ目的が策定されているか？（P.76参照）
⑦ISO/IEC 27001の文書化した情報に関する要求事項が満たされているか？（P.87参照）
⑧情報セキュリティパフォーマンスが測定され、ISMSの有効性が評価されているか？（P.96参照）
⑨内部監査が実施されているか？（P.98参照）
⑩マネジメントレビューが実施されているか？（P.100参照）
⑪不適合の識別と是正処置のプロセスが構築されているか？（P.102参照）
⑫情報セキュリティインシデントについてのプロセスが構築されているか？（P.212参照）
⑬法令・規制および契約上の要求事項が特定されているか？（P.226参照）

(4) 第二段階審査

第二段階審査では、**組織が自ら定めたISMS（情報セキュリティ方針、目的、手順など）が運用できているか、当該ISMSがISO/IEC 27001のすべての要求事項に適合し、かつ当該ISMSが組織の情報セキュリティ方針・目的の達成について有効であるかが審査されます**（プログラム例はP.36を参照）。

また、審査でインタビューされるのは各責任者だけでなく、各部門のスタッフも対象になります。運用状況のインタビューや観察、運用についての手順書・記録による確認が行われます。

第二段階審査で適合性が確認されれば、認証機関の認証判定会議で審査結果報告が行われ、その後、ISO/IEC 27001の認証取得を証明する登録証が発行されます。

また、第二段階審査で指摘事項があった場合は、審査員から指示された期日までに**是正処置計画または実施記録**を提出して、認証判定会議に認証推薦しても問題ないかどうか判断されます。

■ 登録証が発行されるまでの流れ

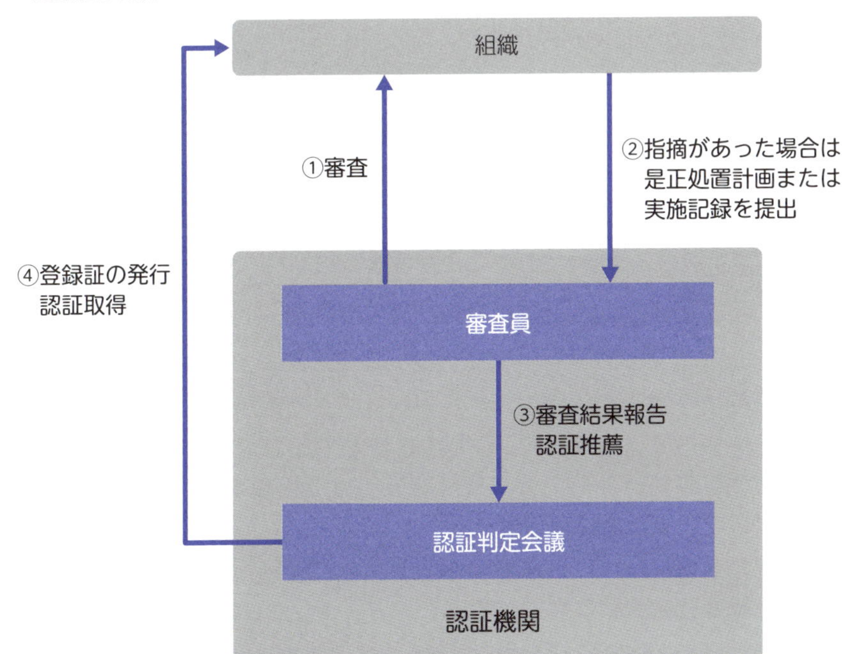

(5) サーベイランス審査（維持審査）

組織は、認証取得後、**1年または6ヶ月ごと**（周期は組織が選択する）に認証を維持するためのサーベイランス審査を受ける必要があります。

サーベイランス審査では、登録審査のようにすべてが確認されるのではなく、認証されたISMSが維持されているかどうかを部分的に確認します。なお、指摘事項があった場合は是正処置の実施が必要になります。指摘事項の改善が確認できない場合は登録の維持ができません。

(6) 更新審査

ISO/IEC 27001認証登録の有効期限は3年となっており、登録を更新する場合は3年に1度の更新審査を受ける必要があります。

なお、サーベイランス審査と同様に、更新審査で指摘事項があった場合は是正処置の実施が必要になります。指摘事項の改善が確認できない場合は登録の更新は認められません。

まとめ

- ISO/IEC 27001登録審査は、第一段階と第二段階に分けて実施される
- 第一段階審査では、ISMSの構築状況や第二段階審査のための情報収集が行われ、第二段階審査では、組織が定めたISMSが運用できているかが審査される
- 認証取得後は、認証を維持するために、サーベイランス審査と更新審査を受ける必要がある

おわりに

本書では、ISO/IEC 27001の認証取得を目指している組織の担当者の方を対象に、規格を理解するうえでのポイントを紹介してきました。ISO/IEC 27001といっしょに内容を確認していただければ、より理解が深まるかと思います。

ISMSの構築では、ISO/IEC 27001が要求するISMSに必要な基本的な内容を満たしつつ、組織を取り巻くリスクや体制に合わせた取り組み方を決定してください。本書で紹介しているリスクアセスメントなどの手順は、すべての組織に適用できるものではないので、参考としてご活用いただければ幸いです。

情報セキュリティに関するISMS関連文書は、組織の情報資産を保護するためのひとつのツールでしかないので、運用では一人一人が組織の情報資産の重要性を認識し、正しい行動を取れるように心掛けることが大切です。

いかに優れた情報システムであっても、セキュリティを100%確保することは不可能なので、ISMSの要員一人一人が情報資産を守るためのルールを順守し、高いセキュリティ意識を持って行動すること、また、問題点があれば、皆で継続して改善に取り組んでいくことが重要です。

2019年7月吉日

株式会社テクノソフト

岡田　敏靖

索引 Index

数字・アルファベット

あ行

た行

な行

は行

ま行・や行・ら行

■ 著者プロフィール ■

岡田　敏靖（おかだ　としやす）

株式会社テクノソフト　コンサルティング部　コンサルタント
JRCA登録　情報セキュリティマネジメントシステム審査員補

2001年に株式会社テクノソフトに入社後、ISO/IEC 27001（情報セキュリティ）、ISO 9001（品質）、ISO 14001（環境）、プライバシーマーク（個人情報保護）などの取得支援やセミナーに従事。多種多様な業種業態へのコンサルティング経験を基にした取得支援や実践的なセミナーで活躍している。

■ お問い合わせについて

- ご質問は本書に記載されている内容に関するものに限定させていただきます。本書の内容と関係のないご質問には一切お答えできませんので、あらかじめご了承ください。
- 電話でのご質問は一切受け付けておりませんので、FAXまたは書面にて下記までお送りください。また、ご質問の際には書名と該当ページ、返信先を明記してくださいますようお願いいたします。
- お送り頂いたご質問には、できる限り迅速にお答えできるよう努力いたしておりますが、お答えするまでに時間がかかる場合がございます。また、回答の期日をご指定いただいた場合でも、ご希望にお応えできるとは限りませんので、あらかじめご了承ください。
- ご質問の際に記載された個人情報は、ご質問への回答以外の目的には使用しません。また、回答後は速やかに破棄いたします。

■ 装丁 ―――― 井上新八
■ 本文デザイン ―――― BUCH⁺
■ 本文イラスト ―――― リンクアップ
■ 担当 ―――― 伊藤鮎
■ 編集／DTP ―――― リンクアップ

図解即戦力
ISO 27001の規格と審査がこれ1冊でしっかりわかる教科書

2019年 9月14日 初版 第1刷発行
2022年 6月 4日 初版 第2刷発行

著　者　株式会社テクノソフト　コンサルタント　岡田敏靖
発行者　片岡　巌
発行所　株式会社技術評論社
東京都新宿区市谷左内町21-13
電話　03-3513-6150　販売促進部
03-3513-6160　書籍編集部
印刷／製本　株式会社加藤文明社

ISBN978-4-297-10754-3 C3053　　Printed in Japan

■ 問い合わせ先
〒162-0846
東京都新宿区市谷左内町21-13
株式会社技術評論社 書籍編集部
「図解即戦力　ISO 27001の規格と審査がこれ１冊でしっかりわかる教科書」係
FAX：03-3513-6167
技術評論社ホームページ
https://book.gihyo.jp/116